# 互联网简史

袁载誉·著

中国经济出版社
CHINA ECONOMIC PUBLISHING HOUSE

·北京·

图书在版编目（CIP）数据

互联网简史／袁载誉著. —北京：中国经济出版社，2020.5
（改变我们生活的商业简史）
ISBN 978 - 7 - 5136 - 5902 - 4

Ⅰ.①互… Ⅱ.①袁… Ⅲ.①互联网络-历史-世界
Ⅳ.①TP393.3 - 091

中国版本图书馆 CIP 数据核字（2019）第 194582 号

特约监制　陶英琪
策划编辑　崔姜薇
责任编辑　贾轶杰　张　博
责任印制　马小宾
特约编辑　李姗姗　马　玥　韦　伟　潘虹宇
营销编辑　魏振芳 zhenfang.wei@ lanshizi.com
封面设计　任燕飞装帧设计工作室

出版发行　中国经济出版社
印 刷 者　北京柏力行彩印有限公司
经 销 者　各地新华书店
开　　本　880mm × 1230mm　1/32
印　　张　5.875
插　　页　0.5
字　　数　102 千字
版　　次　2020 年 5 月第 1 版
印　　次　2020 年 5 月第 1 次
定　　价　42.00 元
广告经营许可证　京西工商广字第 8179 号

中国经济出版社　网址 www.economyph.com　社址 北京市东城区安定门外大街 58 号　邮编 100011
本版图书如存在印装质量问题，请与本社销售中心联系调换（联系电话：010 - 57512564）

目 录

 PREFACE
前言

 INTERNET 01
互联网缘起

INTERNET 02
探索民用

INTERNET 03
互联网"大爆炸"

INTERNET 04

## 互联网的路在何方

前言

　　在人类生活中，互联网已经成为不可或缺的存在。根据互联网数据研究机构 We Are Social 和 Hootsuite 联合发布的《2019 年数字报告》，在目前地球约 76 亿的总人口中，超过 43 亿人使用互联网。也就是说，有一半以上的地球人是网民。同时，上网也是人类生活中用时最长的行为之一，全球互联网用户平均每天上网时间高达 6 小时 42 分钟，即人一天中 1/4 的时间都与互联网有着千丝万缕的联系。这些联系可能是网上购物、阅读学习，也可以是与朋友通信聊天。互联网以方便了人们的购物、交流、学习为契机，融入了社会生活的方方面面。

　　中国不是互联网的研发国，没能赶上 20 世纪中后期由美国衍生出的第一次互联网风潮。但是从相关数据看，中国目前已成为互联网领域不可忽视的中坚力量。中国国家网信办公布的《数字中国建设发展报告（2018 年）》统计显示，截至 2018 年底，中国的网民已经有 8.29 亿人，互联网普及率高达 59.6%。

　　科幻动画《变形金刚：猛兽侠》（*Beast Machines：Transformers*）中，猩猩将军总是念叨"未来的种子深埋在过去"，即当下或者未来的一切，在过去的某一个时刻早已有了雏形，只不过它被称为"历史"的黄土所掩盖，在其未能生根发芽蹿出"历史"黄土之时，无人知晓罢了。中国古籍《增广贤文》中也有"观今宜鉴古，无古不成今"的名言，警示后人要想看懂今天或者未来，就需要追溯过往是个好办法。如今，互联网被认定为未来人类社会进一步发展的方向，若我们去探索互联网的前世今生，一定会发现别样的精彩，对未来世界的憧憬也更加合乎实际，而不是毫无根基的"空中楼阁"般猜想。

　　基于上述背景，本书从苏联斯普特尼克 1 号卫星升空说起，将互联网的诞生到如今的繁荣，以及未来的发展方向，串联成了一个知识闭环。在本书中，你可以看到当今互联网的每一个重要组件，其缔造者的成长经历、如何与互联网结缘，以及这个组件的底层逻辑原理。读者朋友可以在没有任何专业计算机知识积累的情况下，轻松理解生活中那些互联网组件的运行逻辑，勾勒出互联网知识体系的大框架。

　　第一章"互联网缘起"，首先借助苏联斯普特尼克 1 号卫星升空，美国举国"惊恐"的事实，铺叙"冷战"中美苏关系的紧张，这是互联网诞生的历史背景。以范内瓦·布什操刀的《诚如所思》（*As We May Think*）、约瑟夫·利克莱德 1960 年发表的《人机共生》（*Man-Computer Symbiosis*）中对未来世界的"畅谈"，阐明互联网执行上的世界观和方法论，即科幻动画《变形金刚：猛兽侠》猩猩将军口中"未来的种子深埋在过去"的那颗种子。紧接着就是讲该如何去实践构造互联网，在这个版块将谈到保罗·巴兰的"分布式通信系统"、伦纳德·克兰罗克提出的"分组交换"，罗伯特·卡恩与文顿·瑟夫的 TCP/IP 协议等互联网基础技术的出现，以及技术运行原理。

第二章"探索民用"，以美国军方解禁互联网的前身阿帕网的技术为开篇，重点阐述互联网民用的前提，包括将互联网整体"傻瓜化"的 HTTP（超文本传输协议）、HTML（超文本标记语言）、网页、域名和浏览器等互联网关键技术，最后介绍在互联网普及过程中起到重要作用的微软公司，它不仅有强大的硬件能力，还研发了享誉全球的 Windows 电脑软件系统。从微软和互联网服务商网景浏览器之间相互厮杀的精彩故事，我们可以感受到互联网江湖早期的刀光剑影。

第三章"互联网'大爆炸'"，以"人和人从未如此紧密联系在一起、商业从未如此便捷、知识最美好的时代"三个点为主体，全面阐述互联网是如何一步步影响人类生活，成为不可或缺的社会元素的。并对在此过程中诞生的互联网企业的成长、挫折、辉煌进行全方位的剖析，勾画出互联网世界的商业逻辑。

第四章"互联网的路在何方"的中心前提为未来互联网的发展方向——万物互联的物联网。围绕这一前提，本章阐明目前正在实践的物联网技术、物联网技术带来的隐患，讨论人类该如何与人工智能相处等问题，从而试图用"过去找到的种子"，大胆地对未来进行预言。

《互联网简史》从写作定位上来说并不是高深的学术著作，而是一本入门级科普书，通过引人入胜的故事和概念具象化表达为大家勾勒出互联网知识大框架。因此，特别适合想了解互联网，却被各种学术名词拒之门外的读者以及初入互联网行业的职场人。

最后，本书之所以能够出版，离不开考拉看看内容运营团队的专业指导，以及蓝狮子策划编辑李珊珊老师的策划与支持，在这里致以由衷的感谢。

# INTERNET 01

# 互联网缘起

## "冷战"让互联网势在必行

纵观悠长的人类文明史，战争往往是科技大爆炸最有效的"催化剂"之一。为了能够战胜敌人，求得更多的生存机会，人们往往会想方设法地琢磨新东西，以主导战场。在武器的加持下，某一瞬间，人类似乎也能拥有"超自然"的力量。 在1945年8月6日早晨，人们就见证了这种力量降临在了日本广岛。

广岛是日本本土防卫军第二总军的司令部所在地。早晨8点，广岛上空传来发动机"嗡嗡嗡"的巨大轰鸣声，美国3架B-29战斗机如同凶猛的雄鹰急速而来。还

图1-1　游客们正在参观拆除核心部件的原子弹"小男孩"。该弹长10英尺（3米），宽28英寸（71厘米），重8900磅（4000公斤）。使用"枪式"设计，将一块低于临界质量的铀-235以炸药射向三个同样处于低临界的环形铀-235，造成整块超临界质量的铀，引发连锁反应。（图片来源：维基百科；作者：美国能源部）

未待广岛人回过神，1 颗重达 5 吨的原子弹从天而降，整个广岛城瞬间沦为炙热的火海，7.4 万人瞬间失去了生命。那些处在核爆中心的人和物，就像原子分离那样分崩离析，不复存在；即便是在远一些地方的人，他们虽侥幸活着，但也被严重烧伤。日本用血与泪承载了核武器的降临。原子弹这一威力惊人的核武器是应"二战"激烈对抗的需要，也是应国家军事政治的需要而诞生的。不得不说，战争从某种意义上倒逼人类研发高科技，导致了媲美神力的核武器的出现，科技也由此向前迈进一大步。

当然，对于 21 世纪彻底改变人类生活方式的信息革命核心——互联网来说，它与战争也有着密不可分的关联。互联网的雏形就诞生于 20 世纪 40 年代的美苏"冷战"之中，其最初是作为一种武器而发明的。

1947 年 3 月 12 日，时任美国总统的杜鲁门宣布美国将全面遏制共产主义发展，进而确立美国领导全球的"二战"后新秩序，美苏两国由此陷入了"冷战"状态。和历史上所有大战一样，为博得一个出师有名的"正义地位"，美苏政府的宣传机器往往会不遗余力地将对方形容为要扼杀自己的"刽子手"。因而整个"冷战"期间，美国大多数国民都视苏联为洪水猛兽。同样的，苏联人民也将美国称为大魔鬼。

1957 年 10 月 4 日对于成千上万的美国人来说，是个心情低落的日子——因为在这一天，他们得知了一个"惊天噩耗"：与他们"冷战"敌对的苏联将一颗名为"斯普特尼克1号"的83公斤级的轨道卫星送进了太空，并且该卫星非常顺利地围绕着地球工作，甚至每天都会经过美国上空。

美国举国上下都陷入了恐惧之中。时任得克萨斯州州长助手的乔治·E.里迪（George E. Reedy）担心道："一个简单的事实是，我们再也不能认为苏联人在技术方面比我们落后了。他们花了四年的时间赶上了我们的原子弹，九个月赶上了我们的氢弹。现在，我们正在努力地追赶他们的卫星。"

对于为什么美国会在卫星技术上被苏联赶超，当时的美国舆论将矛头直指时任总统的艾森豪威尔，嘲讽他是个"低能儿"，强调美国明明坐拥众多全世界最优秀的科学家，结果在他的带领下，竟然被刚从战争废墟中走出来的苏联，仅用短短数年的时间，就完成了在前沿科技的"追赶"与"超车"。

美国国民面对苏联发射的卫星开始对自己国家的实力表示怀疑，并充满了对于美国科技落后于人的恐惧。艾森豪威尔总统在苏联卫星飞天后的第五天紧急召开发布会安抚民众，他强调："这个国家必须在国家生活中给科学技术和教育以优先权"，并且保证政府将立刻投入资金，在已知落后苏联的领域奋起直追，做到科技永远领先于对手，为美国国民创造安全的生存环境。

1958 年 2 月，在历经各级政府高层长达数月的紧张讨论之后，美国正式出台了作为履行总统对国民"保持科技领先"承诺的具体执行方案：由国会直接拨款，在美国国防部的五角大楼建立一个特殊部门"高等研究计划局"，简称"阿帕"（ARPA）。该局不同于寻常的军事研发部门，其核心思想是"立足当下，面向未来"，专门攻坚那些仅停留在理论上的高新科技，使命是保证美国科技"永远"领先世界。

如今几乎网罗了全世界每一个人的互联网，前身就叫作阿帕网。从"阿帕"二字，不难看出它归属于阿帕众多技术突破研究之一。阿帕网是为了解决阿帕体系内的技术专家分散于全国各地，资源无法及时对接的问题，以及保证美国在遭受核弹攻击的情况下不丢失相关技术资料而建立的一个巨大的"网状"资源互通系统。

简而言之，互联网建立的雏形是一件为了避免核武打击的"防御性武器"。

## 互联网出发点是记忆延展

1945 年 7 月，坚持无党派、无偏见原则的美国权威期刊《大西洋月刊》在第 176 期第 1 卷刊登了一篇由范内瓦·布什操刀的文章《诚如所思》，描绘的是一个信息快速交换的未来世界，这篇文章在不经意间为人们打开了一扇通往未来世界的大门。

范内瓦·布什是 20 世纪美国家喻户晓的国宝级科学家。他从小就是名副其实的学霸，在学生时期就以处处创造"传奇"著称。他将波士顿 5 大名校中的 3 所逐个读了一遍，学士和硕士就读于塔夫茨大学，博士拿的是麻省理工学院（MIT）和哈佛大学的联合学位。

其中最为"传奇"的是，范内瓦·布什于 1913 年在塔夫茨大学同时拿到学士、硕士两个学位，直接跳过了先学士毕业，再读硕士的传统学历体系，那年他才 23 岁。

他的职场生涯也可谓是一帆风顺。先在母校塔夫茨大学任教，又于 1919 年跳槽到麻省理工学院，担任副校长兼电子信息学院院长。

"二战"期间，范内瓦·布什靠麻省理工学院与美国军方高度合作的背景，一跃成为罗斯福最信任的科学顾问之一。为避免法西斯在科学技术上取得领先地位，创造出扭转"二战"战局的武器，进而赢得第二次世界大战，范内瓦·布什在总统罗斯福的授意下，成立了以最大限度提高美国科学技术为己任的美国科学研究局。

该研究局集中了全美国最优质的科研资源，为美国士兵在前线的战斗提供了最坚实的后盾，其中最著名的成果是范内瓦·布什提出和领导执行的"曼哈顿计划"，即生产一种被称为"原子弹"的超级破坏性武器。

1945 年 8 月，面对日本军国主义高呼"本土决战"的负隅顽抗，美国将"曼哈顿计划"的直接成果——代号"小男孩"和"胖子"的两颗原子弹分别于 6 日投向广岛，9 日投向长崎。伴随着"轰轰轰"的爆炸声，日本这两座百万级人口的城市刹那间变为一片废墟，徒留日本普通民众发出绝望的嘶吼声。

原子弹在爆炸的瞬间，直接夺去了数万人的生命，并轻而易举地摧毁了一座城市。这种"毁天灭地"的杀伤力远远超过了人类想象的极限。此举不仅让日本的百姓陷入了恐惧之中，也让使用武器的美国以及盟国的民众深深陷入沉思之中，他们开始担忧这类武器一旦失控该怎么办。

在广岛原子弹事件发生后不久，部分学者、科学家开始公开批评原子弹的投放，质疑人类是否真的需要原子弹这种"毁天灭地"的武器。其中，作为原子弹理论设计的先驱，爱因斯坦直言不讳地说："我不清楚第三次世界大战会用什么先进武器，但我可以猜到，第四次世界大战人们肯定只会使用棍棒和石头。"

在一片舆论的质疑声中，范内瓦·布什背负了"刽子手"的骂名。然而范内瓦·布什并没有因非议而停止自己的研发工作。

当原子弹的爆炸声响起时，他意识到人类已经拥有了足够灭亡自己的武器，这意味着人类社会用血肉之躯缠斗的战斗方式将成为历史。人类争夺的下一个战场将是全新维度的战场，对于这个新战场，他提出的概念是"信息大爆炸"。

他在《诚如所思》一文中强调：目前，人类的科学知识相较于古时已经有了天翻地覆的转变，但是在处理这些知识的手段上依旧保持原始人般的姿态，分享、传播都是在相对闭塞的环境中进行。

任何一个人类不可控的突然事件（譬如刚刚诞生的原子弹），都有可能让人类的知识储存彻底消亡，致使人类又得重新花费力气将其找出。如此重复的知识传承造成的直接结果就是我们人类几千年的知识积累速度显得异常缓慢，父辈、祖辈眼中的世界，和儿孙眼中的世界在很长一段时间内没有任何实质性的区别。

所以，为了减少人类重复的知识探索成本，在范内瓦·布什定义的"信息大爆炸"时代，人类将通过一个叫 memex

（Memory-Extender，扩展存储器）的设备，把储存知识的大脑无限扩容。

所谓的扩容即人类可以使用 memex（扩展存储器）将"所见所闻"以包括文字、图片、视频、音频在内的各种形式完美储存起来。

当人类要使用某个储存起来的"所见所闻"时，可以迅速通过 memex（扩展存储器）调取，无须再在沉重且繁杂的历史记录中进行翻阅，将时间浪费在寻找已有的知识上。与此同时，memex（扩展存储器）除了储存、调用使用者的"所见所闻"，还可以通过"检索"的方式查看到他人的"所见所闻"。

光阴流逝，数年后的今天，范内瓦·布什的畅想已经基本实现。如今我们使用智能手机拍照、录音、录视频并上传朋友圈秀生活，遇到不懂、不熟的事物，直接通过搜索引擎检索查询……这不就是 70 年前范内瓦·布什所设想的"信息大爆炸"时代的生活方式吗？

因而，当今互联网从业人员再次翻开《大西洋月刊》第 176 期第 1 卷，查看那篇叫《诚如所思》的文章时，往往禁不住感叹：这就是对当今世界最精准的预言啊！

著名信息学学者比尔·约翰斯顿和希拉·韦伯将这一"精准预言"高度评价为信息发展的"核心愿景"。他们认为在战争的催化之下，人类在"二战"前后知识总量激增，多到让当时的科学家们目不暇接。对于如何让科学家充分利用知识，而非被知识所淹没，布什的这篇《诚如所思》提供了有效控制和使用信息的方法——"记忆扩展"，为信息融入和改进社会提供了一个"核心愿景"。

范内瓦·布什的《诚如所思》展望了一个被称作"信息爆炸"的时代，为人类科技指明了前进的方向和奋斗的目标。从整个互联网的发展历程来看，他确定了互联网发展的"世界观"，为互联网发展打下了第一层地基。

## 人机共生是互联网构造手段

范内瓦·布什虽然用《诚如所思》为我们勾画了一个奇幻美妙的"信息大爆炸"图景，但他并没有根据20世纪的科技水平，提供一个更加具体的解决方案，即我们人类科学家该怎样做才能发展到他眼中的"信息大爆炸"时代。

对于具体"怎样做"这个问题，目前公认的最直接、最权威的回答，出自美国计算机科学家利克莱德1960年发表的《人机共生》（*Man-Computer Symbiosis*），文中给出的答案是人类通过与电子计算机协同工作来实现"信息大爆炸"。

1915 年，利克莱德出生于一个牧师家庭，虽然家中有浓厚的宗教气氛，但他并没有去研究宗教，而是选择了电子计算机科学，并且全身心地投入其中。不过，在学生时代，利克莱德也没有专攻电子计算机科学。在 1942 年完成学业之时，他拿到的是罗切斯特大学的心理学博士学位。

毕业后，他的第一份工作跟电子计算机科学也没有丝毫关系，而是在哈佛大学心理学实验室担任研究员和讲师。直到 1950 年，利克莱德跳槽到了麻省理工学院担任副教授，他才以"半路出家"的姿态和电子计算机科学产生了交集。

由于是心理学专业出身，利克莱德在麻省理工学院最初的工作，并没有脱离自己的老本行，主要是服务麻省理工学院的心理学课程团队。在学校师生进行发明创造的时候，他会提供心理学上的专业建议，使发明创造更加人性化。同时，他也为学校师生枯燥乏味的研究生活提供释放自我的科学方式，预防他们出现极端的个人行为。

而正是因为有机会和美国顶尖理工科师生交流，利克莱德内心渐渐萌生了对信息技术的浓厚兴趣，他开始在心理学专业之外，利用碎片时间恶补电子计算机科学的基础知识。

电子计算机科学在第二次世界大战结束后才进入快速发展阶段，而在当时它完全属于一个新兴"学科"，从学术发展的角度看，这一学科尚处在理论建立的初级阶段。利克莱德快速完成了自身电子计算机科学体系的搭建。此外，由于利克莱德自身有着资深的心理学背景，他的电子计算机科学知识体系又以"人和电子计算机的关系"为终极话题，这就区别于大多数理工生从技术发展角度建立的体系，具有比较显著的独特性。

1951 年，美国军方为了应对日新月异的导弹发射技术，决定在本土以及加拿大地区构建一个半自动化地面防空系统（SAGE 项目），麻省理工学院林肯实验室被选定为该项目的主要研发机构。要实现"半自动化"，必须让人和机器进行协作，而这正是利克莱德攻坚的方向，所以利克莱德有幸参与了人类首次大规模将电子计算机与通信设备结合使用的行动。

在 SAGE 项目中，麻省理工学院林肯实验室以通信线路为数据传输载体，将雷达观测站、机场、防空导弹和高射炮阵地的数据全部整合到了一台中央主控电子计算机里。电子计算机操作员只需通过电子计算机显示器，就能直观地了解该电子计算机串联下的雷达数据。假如有敌人袭击，他还能瞬间通过对应的电脑按钮，将"拦截命令"传达给防空导弹和高射炮阵地。如此一来，美国军方极大地缓解了由于汇报所带来的低效率和"错失战机"的问题。

也正是因为有了这段参与 SAGE 项目的经验，利克莱德认识到了人和机器可以一起工作，并且带来的效率是 1 加 1 大于 2。在进行详细的理论总结之后，利克莱德于 1960 年发表了著名的《人机共生》。

在文章中，利克莱德极具创造性地提出了一个叫"人机共生"的概念，作为人类与电子计算机协同合作的发展方向。何为"人机共生"？利克莱德认为，在"人机共生"状态下，人类做任何复杂的事，只需设定目标、制定假设、确定标准，并执行评估，剩下的反复验证、计算的工作可以交给电子计算机自动完成。在利克莱德"人机共生"的基调中，机械且公式化的电子计算机能够比人类更精准地完成重复性的工作。

1962 年 10 月，美国成立高等研究计划局（阿帕）专攻未来科技。但阿帕在成立之初被海量的数据交换和人员沟通产生的高成本所困扰。 此时，利克莱德被任命为阿帕信息处理技术办公室主任，主要职责是解决阿帕体系之下因为信息太多、太杂造成的低效率问题。

1963 年 4 月，利克莱德提出了第一个解决方案——建立"分时网络"，首先建立一个巨大的电脑主机服务器，然后主机服务器分别连接多个主机终端（电子计算机）。 按照理论，每一台主机终端（电子计算机）都能任意调用主机服务器里面的数据资源，这便是互联网前身——阿帕网的第一个雏形。

但利克莱德并不完全满足于此。1964 年 9 月，在美国第二届信息系统科学大会上，利克莱德说道："我们目前在电脑领域面临的最重要的问题是网络，这也就是指如何方便地、经济地从一台电脑连接到

图 1-2　利克莱德正在调试阿帕网的机器。1962 年，他受邀进入阿帕担任信息技术局的首任局长。在不到半年的时间里，他就把全国最强的电脑专家团结到阿帕周围。这些人也是后来研究阿帕网的中坚力量。

另一台电脑上，实现资源共享。"

也正是因为对电子计算机科学的发展探索依旧有着宏伟的追求，利克莱德出于排除杂念潜心做研究的考虑，在 1964 年选择离开阿帕信息处理技术办公室主任岗位。虽然利克莱德没能亲眼见证阿帕网以及它的衍生——互联网的诞生，但他留下的那颗关于"网络"的种子生根发芽了。

## 启动资金只有一百万美元

1966 年，伴随着时任阿帕信息处理技术处处长罗伯特·泰勒急促的"小碎步"，人类正式敲响了通往"信息大爆炸"时

代的大门。泰勒向阿帕高层提出的构建网络方案，得到"完全同意执行"的批复。

罗伯特·泰勒是"学渣"逆袭的典范。区别于大多数互联网先驱名校高材生的身份，泰勒在学生时代并不是一个特别听话的好学生。他热衷于四处游荡玩耍，而非学习课本知识。 在南卫理公会大学结业之后，他选择了入伍成为美国士兵。

1954 年，泰勒从军队中退役，由于服役期间正值朝鲜战争，他不得不每日都在对死亡的恐惧中挣扎。久而久之，泰勒的思想发生了 180 度的转变，他不想自己的一生荒废在"玩"字上，于是下定决心要在自己有生之年做点能够被世人记住的事。

而做点什么的前提往往是有知识，所以泰勒走进了美国顶级的研究性大学——得克萨斯大学奥斯汀分校。在学校的他如同百日没有吃饭的饿汉，疯狂地汲取知识，最终拿到了心理学硕士学位。

就在所有人认为罗伯特·泰勒将深耕心理学，进而拿下博士学位之时，泰勒做了一个让世人大跌眼镜的举动——因嫌弃心理学博士学位要求精通的细分学科太多，放弃了对博士学位的攻坚。如此一来，罗伯特·泰勒刚刚"沸腾"起来的生活，再次因失去目标而成为一潭死水。

为了让生活丰富起来，泰勒在经过严谨的思考之后，于1961 年加入了美国国家航空航天局的高级研究技术处。在这里他参与了载人登月飞行任务阿波罗计划，得到了接触众多美国顶级科学家的机会。也正是靠着这个机会，罗伯特·泰勒结识了利克莱德。由于都有心理学的背景，共同话题让两人很快就成为能聊天喝茶的好朋友。

通过交流，罗伯特·泰勒对于这位已经声名远播的前辈利克莱德展露出了"迷弟"般的崇拜。他坚信利克莱德的"人机共生"就是未来，因而不久就申请调往利克莱德的麾下做事。1964 年利克莱德离任，1965 年罗伯特·泰勒被推举成了新的信息处理技术处处长。

担任处长之后，罗伯特·泰勒的办公室放进了 3 台当时顶级的计算机，分别连接阿帕体系 3 个最重要的合作方：麻省理工学院、加州大学伯克利分校、加州圣莫尼卡市。但由于 3 台计算机系统互不兼容，无法直接交流，每当罗伯特·泰勒要处理重要事件时，总会为拷贝时过久的等待时间感到焦头烂额。

为了让自己的业务能力得到展现，罗伯特·泰勒在 1966年决定将前辈利克莱德关于构建网络的理论付诸实践。为此他走进了阿帕署长赫兹费德的办公室，在这里罗伯特·泰勒用 20分钟时间进行了开发网络的路演。

路演中泰勒反复强调，假如网络建立成功，全美国的电子计算机都将实现资源共享，再也不用担心资源无法互通的问题。从结果来看，这次路演非常成功。赫兹费德在听完之后高兴得不得了，连连拍掌，仅问了一句：这东西难吗？

泰勒见赫兹费德这么问，自知项目有希望了：不难！我们已经想好了怎么做，只需去执行就好！

听到泰勒如此自信的回答，赫兹费德随后感叹道：这是个好主意，泰勒你就放心去搞，至于钱，先给你 100 万美元当启动资金。就是这轻易拿到的 100 万美元，让互联网雏形阿帕网得以顺利立项，人类跨出了进入"信息大爆炸"时代的第一小步。

## 互联网第一份建造计划

1968 年 6 月 3 日，罗伯特·泰勒于 1966 年提出立项的网络建设计划经过 2 年的紧张讨论与验证，正式由网络项目负责人拉里·罗伯茨以信息处理技术处的名义向国防部高级研究计划署提交。该研发计划名为"资源共享的电脑网络"，自此阿帕网进入实验建设阶段，建设网络的种子开始发芽。

拉里·罗伯茨是出生于美国康涅狄格州的一名"天才"。

他的父亲艾略特、母亲伊丽莎白都是美国知名的化学博士。在父母的言传身教下，拉里·罗伯茨从小就表现出了对未知世界的浓厚兴趣。但他并没有像父母一样在微观科学领域奉献自己，而是选择了截然不同的电子计算机科学领域，且在青年时就表现出了过人的天赋。

1959 年，拉里·罗伯茨以 22 岁的年龄，在麻省理工学院拿到了学士学位。而就在他的同学为找工作忙碌之时，拉里·罗伯茨在毕业次年拿到了硕士学位，并开始攻读博士学位。4 年之后他戴上了博士帽，成为麻省理工学院历史上最年轻的博士之一。

也正是因为天赋异禀，博士毕业之后拉里·罗伯茨顺利地进入了麻省理工学院顶级的林肯科研实验室工作，在这里他结识了电子计算机科学领域的领头人利克莱德，并被其在《人机共生》一文中描写的未来生活方式深深吸引。1964 年 9 月，利克莱德以"人机共生"理论为基调，向全世界发出"我们应该研究一种'网络'，将计算机连接起来，进而达到资源共享的目的"的倡议，在电子计算机科学领域掀起了建设网络的风潮。大量敏锐的社会资金开始涌入这股风潮，推动网络的实践攻坚。

在对未知世界的好奇心驱动下，拉里·罗伯茨随即抓住了

"风潮"的尾巴，开始尝试将不同系统、不同厂家的计算机连接在一起的实验，并在不久后成功将自己在麻省理工学院林肯实验室的 TX-2 电脑和加利福尼亚州系统发展公司的 Q-32 电脑远距离连接到了一起。这是人类第一次远距离接通两种不同系统、不同厂家的电脑！

而就在拉里·罗伯茨准备乘胜追击，将更多的电脑连接在一起的时候，一纸调令发到了他手中——一个名叫"阿帕"的项目组要抽调他去担任网络项目负责人，发起人叫罗伯特·泰勒，是阿帕项目信息处理技术处处长。面对这"砸"在头上的调令，出于对行政系统本能的抵触，拉里·罗伯茨最初选择坚定地拒绝，认为这是在扼杀他的研究青春。

然而罗伯特·泰勒并不准备轻易放弃对这位天才的拉拢，他筹备建立的阿帕网，计划将军方所有的计算机资源共享起来组建网络，减少低效率带来的浪费。而拉里·罗伯茨已经将不同电脑连接在一起，攻克了网络建设的核心难关，是快速建立阿帕网不可或缺的技术人才。

对于科学家来说实验就是全部，是释放生命能量的完美途径，因而罗伯特·泰勒在被拉里·罗伯茨数次拒绝之后，使用了一个不怎么人道的手段"威胁"，他明确地告诉拉里·罗伯茨，他正在使用的林肯实验室，绝大多数的经费都来自阿帕项目，所以乖乖去阿帕本部服务是最明智的选择，否则殃及池鱼就不太"仁义"了。而去阿帕本部任职也并未非坏事，那里拥有全世界最先进的设备用于各种实验。

面对罗伯特·泰勒的"威逼利诱"，年轻的拉里·罗伯茨未能抵抗住，他选择了入职信息处理技术处，并且不负罗伯特·泰勒的厚望，在 1967 年 10 月写出了第一份建立网络的计划。根据计划要求设定的初期目标有 2 个，分别为建立参与研究的 16 个工作小组都能接受的电脑接口协议以及设计一项新的通信技术，使当时的 16 个工作小组的 35 台电脑相互之间可以每天传输 50 万份信件。此时此刻谁也没有想到，这个解决美国科研界内部效率问题的小物件，能在不远的将来彻底颠覆人类工作、生活的方式。

## 在地球上空织起一张大网

范内瓦提出 memex 设想，为人类互联网技术发展构建了一个宏伟的图景；利克莱德则用一句"人机共生"解决了我们人类该如何去发展互联网技术的问题，但是具体该怎样去实践，用什么手段将互联网从概念变成现实，依旧是个难题。

保罗·巴兰的"分布式通信系统"是解决这个秘密的第一

步。通过"分布式通信系统",人类开始在自己的头顶织起一张看不见、摸不着的大网。

1926 年,保罗·巴兰生于格罗德诺的一个犹太人家庭。格罗德诺今天属于白俄罗斯版图,但保罗·巴兰出生时格罗德诺是波兰领土,所以学术界主流观点依旧将保罗·巴兰定义为波兰裔科学家。

与其他波兰犹太人相比,保罗·巴兰是幸运的,他的父亲在 1928 年 5 月 11 日就举家从波兰迁往美国波士顿定居,在那里他父亲依靠经营杂货店的收益,支撑着全家的开支。生活虽然不是很富裕,但是躲过了纳粹的屠杀。

1949 年,保罗·巴兰在卓克索大学拿到了电气工程学位,并有幸进入了由世界上第一台电子计算机发明人莫契利与埃克特在 1947 年创立的商业计算机开发公司——埃克特—莫契利电脑公司(Eckert-Mauchly Computer Corporation)。

在那里保罗·巴兰学习到了最前沿的信息技术知识,并对什么是计算机有了深入认识,而这正是他日后在计算器技术基础上搭建互联网不可或缺的财富。

1959 年,经过十年职场的磨炼,保罗·巴兰凭借吃苦耐劳、勇于创新的精神进入了综合性战略研究机构——兰德公司(RAND Corporation)。兰德公司成立于 1948 年 11 月,由福特基金会捐赠 100 万美元启动，成立的性质是"独立的、介于官民之间进行客观分析的研究机构"，直接目的为"避免未来的国家灾祸，并赢得下次大战的胜利"。

出于"物尽所能"的原则，兰德公司参考保罗·巴兰在埃克特—莫契利电脑公司工作的经历，为其分配了设计"可生存"通信系统的项目。1957 年 8 月 27 日，苏联塔斯社（ITAR-TASS，现为俄罗斯通讯社）发布公告："1957 年 8 月 21 日，世界上第一枚多级远程弹道火箭向太平洋进行全程发射试验成功。火箭试验进展顺利。经过短时间的远距离飞行之后，火箭在预定区域降落，完成了一次前所未有的飞行！试验结果表明，这种导弹能够发射到地球上任何地区，与之相比，战略轰炸机已经远远落后了。"

通过公告，苏联向全世界宣布自己可以瞬间攻击地球上的任何地区。出于对国家安全的担忧，正跟苏联针尖对麦芒的美国被迫紧急赶制"盾牌"。由于以前苏联的"矛"一直相对落后，让美国处于对苏联"不设防"的危险状态之中。其中，"可生存"通信系统即为"盾牌"的枢纽机关，因而在美国被苏联核武器打击之后，它也必须能够照常工作，帮助美国军队有效地进行战略反击。

遵循"不能把鸡蛋放在同一个篮子里"的理念，保罗·巴兰在跟同僚研究讨论之后，给美国军方的解决方案是用"分布式"取代"中心式"。

保罗·巴兰利用计算机模拟出数个相互联通的节点，设定每个节点相连都有 N 个链路，然后不停地摧毁节点，结果发现只要 N 的数值越大，节点间联通被摧毁的概率就越小。于是他得出结论：N 的数值跟通信系统"可生存"性完全成正比。所以保罗·巴兰提出了一个大胆假设：若 N 值无限，那通信系统不就绝对不会被摧毁吗？ 这一见解于 1960 年发布于《兰德报告》上，成为"可生存"通信系统研发的指路明灯。

1964 年，经过长达 4 年的紧张攻关，保罗·巴兰将 N 值无限扩大的可执行方案写成了题为"分布式通信网络"的报告公布于美国社会。根据报告内容，保罗·巴兰在需要传输数据的计算机上设定一种特殊接口，达到将计算机链接到一起的目的，且每个节点至少有 2 条链路跟它相连，形成一个"渔网"状的连接网络，传输的过程也不再是 AC 两点直连，而是 ABC 或者 ABDC 的"多点接力"模式，传输路线被分割成了一小段一小段。

如此一来，在 ABC 的连接模式下，如果数据在跑 BC 的链路时出现故障，那 ABC 就会立刻将 BC 链路直接抛弃，转而换成 ABDC，数据先从 B 到 D，然后从 D 到 C。综上利用"分布式通信网络"的模式，可以轻松规避"中心式网络"状态下，中心主机被摧毁造成整个网络瘫痪的隐患。

1968 年，拉里·罗伯茨的阿帕网开始组建后，保罗·巴兰和他的"分布式通信系统"成为最可行的参考方案。对于互联网的前身阿帕网，毫不夸张地说，保罗·巴兰的相关理论研究，对于当今的互联网，产业的形成和发展功为可没，而他最终发明的一些基础网络技术，也构成了当今互联网产业的基石。

## 数据太大无法传输怎么办？

保罗·巴兰的"分布式通信系统"将互联网中计算机连接的形式确定为"渔网状"，这种类"渔网"的技术设想，如同修好了互联网数据传输的通道。虽然通道有了，但是如何将数据放在通道上传输，传输的形式是什么，依旧是待解问题。目前主流观点中解决这个问题的最优方案，是由伦纳德·克兰罗克提出的"分组交换"。

20 世纪信息时代初期，基于物理数据传输线昂贵且承载力不高的现实，以及以可执行性不高等重要考量因素，克兰罗克提出：既然大数据传输有困难，而我们又不可避免地要传输大数据，那就将其拆分成多份小数据，然后再通过通道快速地送出去。克兰罗克对这一操作流程给出的定义名为"分组"。

克兰罗克出生于 1934 年 6 月 13 日，他是纽约犹太人，是纽约传统精英学校布朗士科学高中（Bronx High School of Science）的学生。他在中学时就表现出了卓越的思维能力，以及对未知世界的积极探索之心，赢得了老师和同学们的赞誉。

布朗士科学高中始建于 1938 年，区别于普通高中做好基础文化普及的教育宗旨，该校奉行"为那些有独特天赋和才华的学生提供教育机会，为使他们成为对科学和社会有用之才而准备"的精英教学理念，因而在学生选拔上极其严格，被誉为美国最难考的高中之一。

通过 2014 年该校副校长丽莎·罗奇奥（Lisa Rocchio）公布的布朗士科学高中的录取数据可知，其录取率为 24∶1，这种严格的录取比为其带来大量思维能力高于常人的优秀在读生。老师们得以有机会引导学生用学术研究的思维去学习，并参与一些一线科技的探索研究。若学生天赋极好，学校还会不遗余力地提供专业的学术指导，支持其完成科研实验。

正因布朗士科学高中对学术研究持鼓励的姿态，它培育出了 8 名诺贝尔奖得主、6 名普利策奖获奖者，以及大量影响历史进程的"巨人"。其中就包括在互联网基础建设中有过卓越贡献的克兰罗克。

1957 年，克兰罗克高中毕业，考入美国理工科的最高学府——麻省理工学院。在这里，他除了继续自己电气工程学科的深造，还毅然投入了当时前途未知的计算机科学研究，先后拿到了该学科的硕士和博士学位。

毕业之后，出于对计算机科学的喜爱，克兰罗克放弃了电气工程博士身份带来的高薪机会，毅然选择了离计算机科学研究氛围更浓厚的加州大学洛杉矶分校计算机科学系教员的职位。加州大学洛杉矶分校也没有亏待克兰罗克，它帮助克兰罗克建立了博士研究所，为他此后疯狂探索最前沿的计算机科学提供了物质基础。事后回忆在研究所的日子时，克兰罗克是这样说的：基本上，我在 1961 至 1962 年间为我的博士研究所做的是建立一个分组网络的数学理论……

分组网络中最重要的核心点，是为网络传输提供解决方案"分组交换"。该方案摒弃了传统电话点对点整体传输的方式，开始使用多点对点的设计。即信息在从 A 节点传输到 B 节点时，在 A 出发的瞬间分裂成一定数量的"块"，并在块上打上"从哪里来""到哪里去"的标签。然后不同的"块"分别通过链接 AB 节点的 N 条链路直冲 B 点，最后在 B 点完成组装。

如此一来便痛快地解除了点对点整体传输对传输硬件造成

的负担，让数据传输变得"廉价"起来。虽然克兰罗克带来的分组交换解决了数据传输过程中所用传输线的负担，但对正处于起步阶段的终端接口计算机来说，他们的运算能力同样很难满足大规模数据传输的需要。为了解决这个困难，在阿帕网总策划罗伯茨的领导下，阿帕网项目组大胆提出了"接口信息处理机"的想法，在每台被操作的计算机和传输线网络之间插入接口信息处理机（IMP）作为数据分配中心。

1969 年，美国 BBN 公司正式接受阿帕网的委托，将 IMP 由理论变为实物。为了顺利完成任务，该公司特意组建了一个叫"小家伙"的攻坚小组。按照"小家伙"的讨论结果，IMP 被具象地定位成了计算机在互联网中的影子替身，为其负担在分布式网络中该履行的责任。假如将互联网类比成以前的邮电网络，那 IMP 就是该网络中遍布各地的邮局，负责邮件（数据）的存储和转发。

若一个数据到达某个 IMP，目的地又是该 IMP 连接的计算机，那么数据就会直接输送至目的地；反之，IMP 会将数据转发至新的 IMP 传递，履行分布式网络节点传输的"中转"职能，是当今互联网不可或缺的硬件路由器的前身。

"小家伙"的 IMP 解决了终端接口计算机计算能力不足的问题，克兰罗克的"分组交换"则解决了传输线路数据承载能力不足的问题，两者合二为一奠定了当今互联网数据传输的基础形式。

## 对世界发出第一声"LO"

1969 年 8 月 30 日，第一台 IMP 被送到加州大学洛杉矶分校。紧接着，斯坦福研究所也于 1969 年 10 月 1 日获得了第二台 IMP。互联网前身阿帕网正式开始组网。

1969 年 10 月 29 日，人类打开了一个陌生又熟悉的"潘多拉魔盒"。美国加州大学洛杉矶分校某工程大楼计算机研究室内，一名叫克里（Kline）的研究生端坐在一座巨大的计算机前，身体虽然面朝特制的显示器，眼睛却丝毫没有睁开的意思。

他的双手与双脚也因为紧张而不由自主地发抖。直到时钟临近 13 点 30 分，克里才缓缓睁开了眼睛，并有意识地用手摸了摸自己的额头，竭力使自己平静下来。

此刻的克里被要求将"登录"一词，即"L、O、G、I、N"5 个字母自加州大学洛杉矶分校传输到横跨大半个美国的斯坦福大学，这是阿帕网组网第一次测试数据传输。

按照要求克里确定了首先按"L"，再而敲"O"，最后打"G、I、N"的输入顺序，但是尴尬的意外发生了。"L"

"O"顺利地发送出去，斯坦福大学的接收方也兴奋地传回了"接收"的消息，然而当"G"字被敲出发送之时，计算机系统开始不停地提示"失败"——阿帕网传输系统崩溃了。因而人类第一次用计算机通过网络发出的数据文本仅为"LO"。对于这个字母组合，当时阿帕网项目的主力克兰罗克形象地将之解释为"呦，您瞧"最开头的"呦"字，即打招呼的意思，寓意人类亲切地迎来了新的时代。

1969 年 11 月 21 日，经过 10 月 29 日第一次的传输测试，以及此后持续的系统修复工作，阿帕网的永久性链接正式在加州大学洛杉矶分校和斯坦福研究所之间建立，他们成为互联网历史上第一次不同计算机之间建立稳定数据沟通渠道的机构。

紧接着，美国军方最重要的合作伙伴——加利福尼亚大学、犹他大学，也相继收到了来自阿帕网项目组送出的 IMP，进而连入了阿帕网，自此建成了互联网历史上第一个成熟的传输体系——"4 节点阿帕网"。

## 将全世界互联在一起

BBN 公司的 IMP 搭配上克兰罗克的分组交换，解决了数据该怎样在保罗·巴兰织起的大网上传输，以及所带来的硬件

局限的问题。但由于计算机网络的建设在发展初期是百花齐
放，全世界主要的科技强国均着手研发属于自己的类阿帕网网
络；且不同网络从建设初期开始，各自研发者所使用的操作习
惯和对数据的处理规则都不尽相同，直接造成不同网络无法互
相识别、互相传输数据的无奈结果。

如何让数据在全世界的电脑上畅通无阻，依旧是个待解决
的问题，为此罗伯特·卡恩、文顿·瑟夫的 TCP/IP 协议应运
而生了。罗伯特·卡恩 1938 年生于纽约，是一名犹太人，由
于家庭跟未来学家赫尔曼·卡恩有交集，罗伯特·卡恩从小就
对什么是未来，未来该是什么样子充满了想象与憧憬，也拥有
敢于向未来挑战的勇气。

1960 年罗伯特·卡恩拿到纽约市立学院电气工程学士学位
之后，立刻取得了前往普林斯顿大学深造的机会，进而在 1964
年拿到了博士学位。而出于对未来科技的向往，毕业之后的罗
伯特·卡恩并没有全心全意地投入本行电气工程学，而是开始
积极地填充自己在计算机科学方面匮乏的知识储备，完善自己
对计算机科学未来的理解。

正因罗伯特·卡恩对计算机科学有着一颗炽热之心，1972
年，他被直接吸纳进了美国计算机科学研究最前沿的阵地——
阿帕网项目组。在这里他最早的工作是负责处理卫星分组网络

和地面无线电分组网络的日常维护。跟当年罗伯特·泰勒面对因不同计算机无法传输数据而导致数据统计以及归纳的工作量极大的情况相同，不同网络之间不能传输数据，致使罗伯特·卡恩每天不得不忙于用物理储存器传输数据的低效能工作。

为了能够让自己的工作变得简单一点，罗伯特·卡恩决定让不同网络之间互动起来，即对网络控制协议进行更新换代。网络控制协议（Network Control Protocol，NCP）是阿帕网早期用于不同计算机之间传输的通用协议。该协议本质上是一种单向的调用协议，假如一台计算机需要另一台计算机的数据，就得先根据 NCP 告诉对方自己想要的东西，当另一计算机被授权允许开放时，两者直接传输数据的通道才能打开。

随着美国以及全世界类阿帕网的网络雨后春笋般地涌现，各大科研机构也都开始接受这种新的传输方式，但网络间不得相通带来的低效问题，开始日益突显。如何让不同网络间实现直接的连通，跟 20 世纪 60 年代要求不同计算机间实现互通一样，成了电子计算机科学发展最迫切需要解决的问题。

因而当阿帕网项目组高层得知罗伯特·卡恩要去尝试解决不同网络互通问题时，给予了全力支持，并为其指派了 NCP 协议的程序员文顿·瑟夫作为技术协助。

文顿·瑟夫出生于美国康涅狄格州的第二大城市纽黑文，

虽然出生地偏远，但是这并没有限制他的眼界，相反，远离城市的喧嚣与诱惑，给了他专注做一件事的环境与条件。文顿·瑟夫在高中时期就表现出了在计算机科学方面无与伦比的天赋，尤其是在系统软件的编写上可谓手到擒来。正因为如此，他在高中时，就收到了美国最高级别的科研计划——阿波罗项目的橄榄枝，在那里文顿·瑟夫参与了 F-1 发动机无损检测的统计分析软件的设计以及编写。

1965 年，文顿·瑟夫拿到了斯坦福大学的计算机科学学士学位，并成功进入当时顶级的计算机公司 IBM 工作，在那里他得以接触到美国最前沿的计算机科学的应用成果。可能是源自对引领电子计算机科学发展的一腔"热血"，文顿·瑟夫选择在 1967 年进入加州大学洛杉矶分校深造，并相继获得了硕士、博士学位。也正是在那里，他接触到了美国计算机科学最前沿的阵地——阿帕网项目组。当 1972 年罗伯特·卡恩要更新 NCP 之时，文顿·瑟夫有幸成为了项目的核心成员之一。

1973 年，经过数月的讨论和论证，罗伯特·卡恩与文顿·瑟夫提出：既然不同网络在传输数据时，都有一套自己的传输协议，即规则，而这也是造成不同网络不可兼容的主因之一，何不创造出一个公共的协议，让信息在不同网络间传输时，依旧遵循熟悉的规则，避免出现"水土不服"？当然公共协议并不是要求各个网络的规则必须按照一个特定标准来写，而是以方便互相识别为出发点，在原有的各方传输协议之上再套个"外套协议"。为此，罗伯特·卡恩与文顿·瑟夫齐心协力敲出了一个叫 TCP/IP 的协定，其中 TCP 为传输控制协议，IP 是网络之间互连协议。

根据传输控制协议的要求，数据传输中最小的传输单位数据流按一定规则组合打包成报文，数据流和报文的关系可以类比为 1 张纸和 1 叠纸的区别。

与此同时，为了保证报文不会在传输途中丢失，且准确地到达接收方手中，TCP 制定出了一个严谨的反馈机制，即报文的组成结构中除了它所包含的相关数据流外，还会显著地标注该报文从哪里来，到哪里去。当报文到达目的地之后，根据 TCP 协议要求，接收方将启动回复机制，告诉报文的输出方自己已经接收到了，输出方接到反馈之后结束传输任务。相反，若接收方没有在指定的时间内回复，TCP 协议就会认为数据丢失了，开始重新发送数据，以保证传输任务的完成。

IP 协议则是互联网中数据传输基本单元和格式以及输送方法与运输路线的规则。数据传输基本单元和格式即为前文所说的"外衣"，它是解决因网络组网初期百花齐放的局面造成的各个独立网络间因数据格式不同而无法互通的问题，即为一种能够被所有已知网络识别的全新格式，具体执行方案是将 TCP 协议组合打包的报文，再一次按特定规则组合打包成为数据包。

数据包区分于 TCP 协议下的报文，最大的特点为拥有"无连接型"特性，允许一台计算机在任何时刻发送数据给任何一台其他的计算机，不像 TCP 协议下的报文，需要先利用"三次握手协议"将两台计算机建立连接状态，使数据的传输路线固定后，才开始传输数据。

"三次握手协议"是在数据发送前的一种准备协议。在该协议的框架之下，想让数据从一台计算机传到另一台计算机，需要先让两台计算机联通；同理于我们打电话，需要先把电话拨通。当然计算机联通并不像电话那样，只需拨号然后等响铃，计算机是先让输出方告诉接收方：我要传数据，你可要接好了，然后等接收方回复没问题，最后输出方确认立即发送。至此，经过 3 次的交流计算机才完成连接，构建起数据传输通道。

IP 协议制定数据输送方法和运输路线 IP 地址，则为每个接入网络的计算机分配一个 32 位二进制地址，作为计算机在浩瀚网络中的"门牌号"。然后借助数据包"无连接型"的特性，参考网络传输硬件承载量的局限，IP 层完成对数据包的分片工作。将完整数据包切分为多个小块，可以防止数据包过大，物理传输硬件无法承载的问题。

与此同时，为了能够让数据以最快速度到达，且安全无损，IP 协议允许被分割的数据包小块借助分布式网络选择不同的线路奔向目的地，然后再在目的地完成组装。而由于 IP 协议在"无连接型"的特点下，整个传输过程完全是单向的，它只对是否传输出去负责，是否传输到则在它的权限规范之外。

所以，当数据包在接收方完成组装后，其"体内"报文的 TCP 协议就会生效，触发特有的回复系统，告诉输出方自己顺利到达了。在这一点上，TCP/IP 有着相辅相成的关系，是数据在网络上安全传输的可靠标准流程。

然而就在罗伯特·卡恩、文顿·瑟夫提出 TCP/IP 协议的同时，相同原理的协议也在欧洲、日本等科技发达的地区孕育了，到底用谁的协议来联通全世界尚处"诸侯割据"状态的独立网络，进而建立覆盖全世界的互联网，成了一个让全世界计算机科学研究人员头痛的问题。由于互联网规则的制定，在一定程度上将决定一个国家对未来世界的话语权，因此各方政治势力开始了漫长的角逐，以至于在 1973 年就基本成型的 TCP/IP 协议，一直拖到了 1983 年才正式开始推向全世界。1982 年 3 月，美国国防部宣布 TCP/IP 是所有军用计算机网络的标准。而因当时美军在欧洲领衔一个叫"北约"的组织，以英国和挪威为代表的北约成员国出于军事协调的必要，相继开始根据 TCP/IP 对自身国内的独立网络进行 TCP/IP 化适配。

"北约"全称北大西洋公约组织，是"二战"之后"冷战"的直接产物，是当时为了武装对抗苏联，美国牵头联合西欧、北美主要发达国家，以实现防卫协作而建立的军事集团，也是当今世界最具武装实力的组织之一。

与此同时，随着 TCP/IP 的启用，阿帕网"建立一个四通八达的资源共享体系"的使命已经完成。而根据美国宪法"取之于民、用之于民"的精神，所有以国家名义开发的项目，最后的落脚点一定是服务民众。因而同年美国军方开始跟阿帕网撇清关系，以阿帕网为模板建立了新的内网，也不再为阿帕网提供研发资金。当然美国政府并不是放弃了它，而是安排促进民用基础科技发展的美国国家科学基金会接手，进而将阿帕网的性质由军转民，履行服务民众的职责。

美国国家科学基金会成立于 1950 年，主要职责是从美国国会拿钱，然后去资助民间的基础研究计划，最终达到促进美国科技繁荣的目的。

1985 年，互联网咨询委员会召开大会，全球各地的计算机研发商、计算机网络开发商汇聚一堂。经过数日的激烈辩论，TCP/IP 借助美国作为世界霸权的背书，获得了全球民用领域的一致认同，被确定为网络间连接的基础协议，成为当今互联网的基石，也拉开了互联网全球"互联"的序幕。

# INTERNET 02

# 探索民用

## 美国军方放权，开放互联网民用

根据美国宪法"人民主权""个人权利"的原则，美国政府行为必须"取之于民、用之于民"。而阿帕在"冷战"期间的所有科研项目均是国会拨款研发。

因此，当20世纪70年代阿帕研发的大量军用项目落地之后，军方就立即着手对落地的军用科技进行民用化改造。其中一个最重要的环节就是，改变这些军用科技的主管单位以及资金来源单位。为此在1972年，负责支持民间研发的美国国家科学基金会在国防部的授意下，接管了原属国防部管辖的12个跨学科材料研究实验室的管理与协调工作。

1950年，时任美国总统的杜鲁门签署《国家科学基金会法》，正式批准建立国家科学基金会，协调和支持美国民间科研机构的发展，近代美国绝大多数科研成果以及研究设施，均出自国家科学基金会的资助。所以从"资助"来源来说，基金会是绝大多数美国民间科研机构的"奶妈"；从组织结构上看，一定程度上这种模式可以代表整个美国科研界。

1972 年下半年，从国防部接过研究实验室之后，美国国家科学基金会第一次有机会全面接触到阿帕内部的资源共享网络阿帕网，并被它所带来的效率所折服。然而，由于美国军方在阿帕网部署的部分主机节点具有保密权限，因而除了国防部分配给美国国家科学基金会的主机以及被特殊授权的主机以外，基金会下属普通计算机主机无法和阿帕网直连，也无法获取相应的数据。于是出现了美国国家科学基金会知道阿帕网好，却无法利用其改善自己本身组织结构效率的尴尬局面。

这样的局面直到 1981 年才得到有效的缓解。经过美国军方的允许，那一年美国国家科学基金会被允许使用阿帕网的技术"另起炉灶"，打造出了"计算机科学网络"，该网络将基金会资助项目下属的计算机紧密地联系在了一起，并将之"有限"地跟阿帕网进行了连通。

由于拥有美国国家科学基金会背书，加之当时美国是先进科技的领头羊，计算机科学网络很快就得到了全球科研从业人员的认可，欧洲、亚洲都相继有科研机构将自己的内网接入计算机科学网络。如此一来，以阿帕网为主干道的全球网络体系基本确立，科研工作者之间逐渐织起数据狂奔的网络，科研界迎来了属于它的信息化时代。

1983 年 1 月 1 日，阿帕网全面启动 TCP/IP 协议，当今互联网的分布式结构体系，以及分组交换输送理论，得以全面架构完成。基于美国宪法"人民主权""个人权利"的原则，阿帕网正式开始了民用之路。其相关技术以及理论除了特殊军用定制品外，完全开放给了各大民间科研机构。如此一来，阿帕网也不再是唯一的成熟网络体系，借助其技术研发的各式网络雨后春笋般应运而生。

其中最著名的是 1985 年开始组网的美国国家科学基金会网络（NSFNET），该网由美国国家科学基金会出资建立，目的是为了将自己下属的 5 台超级计算机项目完全互联。由于基金会网的起点完全是独立的，因而当用户接入国家科学基金会网之后，不会再通过阿帕网体系的权限访问超级计算机。

有访问权限的用户可以在国家科学基金会网中直达超级计算机，并利用其做任何不违背现行法律的事。因有超级计算机这个硬件加持以及国家科学基金会网不遗余力地推动，1986 年初，国家科学基金会网正式取代了自己的前身阿帕网，成为当时的互联网主干网，阿帕网则在 1990 年寂寞地消失在历史的海洋中。

20 世纪 90 年代，随着计算机走进千家万户，越来越多的非机构用户有了对互联网的需求，美国政府开始逐步允许商业系统和私人接入国家科学基金会网，互联网民用从此进入高速发展期。

## IP 太复杂，短小精干的域名成新宠

1973 年，罗伯特·卡恩、文顿·瑟夫推出了 TCP/IP 协议，解决了数据在互联网这张大网上传输的基本准则问题，确定了数据传输的基本规则。为了方便确定每台计算机的位置，为数据传输找到可识别的目的地，IP 协议将网络的每一个节点都进行地址化的标注，而这个标注即我们常说的"IP 地址"。

IP 协议在为接入网络的电子计算机分配类似"门牌号"的 IP 地址之时，采用了 4 段式"点分十进制"作为编写规则，表示为"a. b. c. d"，其中 a、b、c、d 都是 0 ~ 255 之间的十进制整数。

随着接入网络的计算机越来越多，基于不重复原则，IP 地址分配开始变得极其复杂，非常不方便记忆。最早的 IP 地址可能是"1. 2. 3. 4"，发展到后面往往成了类似"118. 112. 207. 123"的无序组合。

虽然无序、复杂的组合与有序、简单的组合对于电子计算机来说在读取上没有丝毫区别，但是无序、复杂的组合会给电

子计算机的操作员造成记忆负担，人们很难轻松地处理一连串无序数字。如此一来，无序、复杂的 IP 地址间接地抬高了互联网的使用门槛，成为将互联网推向普罗大众的主要拦路虎之一。

为了解决这个问题，一位叫佩吉·卡普（Peggy Karp）的工程师在编写互联网 RFC226 协议之时，提出了建立"互联网名字"的概念，即为复杂的 IP 地址穿上一件简约的"外衣"，并将"外衣"和 IP 地址转换的方式，写进了计算机主机连接互联网所用的"身份证"host. txt 文件中，将概念直接用于了实践，成功建立起了域名体系的雏形。

RFC 文档全称 Request For Comments，俗称"网络知识圣经"，是全球网络应用技术的资料汇编，RFC 加数字代表该技术在 RFC 的编号。为了方便记忆，网络技术从业人员常常将 RFC 编号当作互联网技术的简称，作为研发圈内交流的"行话"。

1983 年，南加州大学的保罗·莫卡派乔斯（Paul V. Mockapetris）教授在自己撰写的 RFC882 协定中把 RFC226 中关于"互联网名字"的概念进一步完善，建立了沿用至今的域名系统 DNC 的体系架构。

保罗·莫卡派乔斯于 1948 年出生在马萨诸塞州的波士

顿。1966 年，他从建校比哈佛还早的波士顿拉丁学校毕业后，升入美国顶级的理工学校麻省理工学院。而那时的麻省理工学院正是全球电子计算机和网络研发的前沿阵地。因而莫卡派乔斯得以接触最先进的网络科技理念，并深深被其中那试图改变人类生活方式的伟大构想所打动。

1971 年，莫卡派乔斯拿到物理和电气工程学士学位之后，毅然投入了电子计算机以及网络的研发大潮之中，成为其中不屈的弄潮儿。1978 年，莫卡派乔斯加入南加州大学的信息科学研究所（ISI），在那里他全面地接触了当时电子计算机和网络所运用的最顶级、权威的技术。信息科学研究所创办于 1958 年，宗旨是致力于将科技文献信息领域最准确、最可靠的信息带给全球的相关研究人员，是全球顶级的学术数据库。

1982 年，莫卡派乔斯顺利获得全球顶级研究型大学加利福尼亚大学欧文分校的信息和计算机科学博士学位，为自己补办了电子计算机技术研究的"门票"。而毕业之后的第一年，莫卡派乔斯"幸运"地拿出了震惊全世界电子计算机领域的成果——域名系统 DNS 的体系结构，确定了第一代顶级域名"APPA"，将域名体系从理论状态带上了实践研究之路。

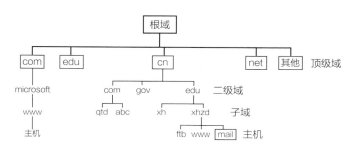

图 2-1　DNS 域名系统结构解析

　　域名系统 DNS,本质上是一个分布式数据库,它通过储存 IP 地址和域名的串联关系,让用户在访问指定域名时,可以直接访问域名背后的 IP 地址。即用户在访问一个域名时,请求会先访问 DNS 系统,寻找到域名对应的 IP 地址,然后 DNS 再让用户和 IP 地址所属的计算机主机直连。

　　如此一来用户不再需要记忆复杂的数字 IP 地址,一种老百姓喜闻乐见的接入互联网的方式诞生,为互联网民用化打下了重要基础。

# 网页诞生,让更多人看懂互联网

　　域名的发明以及应用,使用户可以轻易、准确且直观地找到自己所需求数据的储存位置,但由于文字、声音、图形等数据,在计算机的世界里是一串串互相不认识的代码,除非有专业人士操作，否则普通用户很难在"奇形怪状"的代码中寻求到资料。怎样让更多人直观地找到东西，怎样将那些代码格式统一，并且可视化地展现给用户，这些都成为拦在互联网民用化道路上的"巨石"。直到一名叫蒂姆·伯纳斯·李的英国人研发出 HTTP（超文本传输协议）和 HTML（超文本标记语言），这些问题才迎刃而解。跟罗伯特·卡恩、文顿·瑟夫用 TCP/IP 协议解决不同电脑之间不可相互传输数据类似，HTTP/HTML 将文字、声音、图形三种不同的数据类型从互相不兼容变成了可组合编写的数据模块。

蒂姆·伯纳斯·李于 1955 年 6 月 8 日出生于英国伦敦，由于父亲康威·伯纳斯·李和母亲玛丽·李·伍兹是计算机曼彻斯特 1 型项目组①的成员，可以说他自出生那一刻起就跟计算机结下了不解之缘。

1976 年，蒂姆·伯纳斯·李自英国顶级学府牛津大学物理系毕业，并拿到了当年的一级荣誉学位，即当届毕业生中成绩最优异者。此后，蒂姆进入了当时最吸金的英国电信行业担任

---

① 曼彻斯特 1 型计算机，原名称曼彻斯特自动数字机器，由曼彻斯特瑞士维多利亚大学开发，1948 年 6 月投入正式运行，是目前已知最早的存储程序计算机之一。

软件工程师，并于1980年前后被欧洲核子研究中心①指定为电子计算机软件的独立承包商。

蒂姆在帮助核子研究组织做数据沟通软件时，无意间接触到了"超文本"，这一概念由计算机科学

图2-2 欧洲核子研究中心成立于1954年9月29日，是世界上最大型的粒子物理学实验室，也是万维网的发源地。该中心位于距日内瓦机场不远处的瑞士与法国边境上。这个超大的穹顶建筑名叫"Globe of Science and Innovation"（科学和创新之球），用来举办各类展览。尽管它的表面看起来锈迹斑斑，但其实是由木材建造的。

家德特·纳尔逊始在1963年提出。基于此，蒂姆萌生了建立一个超级大文档的想法，将全世界所有接入互联网的计算机节点中的数据纳入其中，而数据与文档通过被称为"超链接"的行为建立对应关系，点击文档特定标识，就能直达背后的数据所在地。

蒂姆自牛津大学毕业之后，就从事为计算机开发软件的工作，接触到的多是小范围内的数据共享，因而当"超文本"的概念冲击他的大脑之时，蒂姆瞬间觉得自己知识不够用了。所

① 欧洲核子研究组织，成立于1954年9月29日，是一座位于瑞士日内瓦的全世界最大的粒子物理学实验室。

以他并没有第一时间就去实践"超文本",而是选择到当时大规模应用"实时远程过程调用"的计算机系统公司服务。通过工作实战摸索,蒂姆的知识积累开始从计算机软件领域向互联网领域迅速"扩张"。

1984 年,蒂姆回归欧洲核子研究中心,以正式员工的身份入驻粒子实验室,干回了大学本科的老本行物理。由于他有丰富的计算机软件开发经验,在其完成基础的研究性工作之后,被要求开发一个方便各个独立实验室、研究所的能够快速进行数据传播、交流的软件。虽然那时在 TCP/IP 协议的构造下,全球只要接入网络的计算机都能完成数据交流,但过程依旧是异常复杂的,怎样传、怎样接收,均需专业人士进行代码级的操作。

在 1989 年 3 月,蒂姆正式将 9 年前接触的"超文本"概念进行实践操作,提出以"超文本"技术建立数据共享网络的倡议。1989 年夏日,经过数月坚持不懈的努力,蒂姆写出了 HTTP(超文本传输协议)和 HTML(超文本标记语言),二者结合再搭配上已存在的互联网,孕育出了一个叫"网页"(Web)的新事物。相对应的,人类硬件史上第一台 Web 服务器和 Web 访问终端也在网页的需求中诞生了。通过实验阶段的网页,操作员可以轻松查询到欧洲核子研究中心各级工作人员的电话号码。

1991 年 8 月 6 日，出于让更多人投入相关研究的需要，蒂姆上线了人类历史上的第一个站点（info. cem. ch），在这里蒂姆无偿地将自己的心血——HTTP（超文本传输协议）和HTML（超文本标记语言）分享了出去。同时，只要你愿意学习，网站还提供详尽的搭建网站过程，以及如何应对中途会遇到的疑难杂症。在蒂姆如此"走心"的推广下，很快互联网上的网页如同雨后春笋一般涌现。与此同时，由于 HTML 能够识别和统一视频、图片、文字各种不同的数据类型，互联网逐渐从代码级的浏览体验，走向了可视化的"阳关大道"，人们可以通过网页看视频以及听音频，如此一来极大地降低了互联网操作的门槛。对于这项技术，蒂姆亲切地称呼它为"World Wide Web"（万维网）。


## 全世界第一款浏览器

浏览器的英文名为"Web Browser"，物如其名，它是Web(网页)所对应的计算机软件。蒂姆利用 HTTP（超文本传输协议）和 HTML（超文本标记语言）搭建起了被称为"网页"的互联网新模式后，为了方便、快捷地使用这种新模式，作为网页展示端载体的"Web Browser"诞生了，它为普通用户提供了以网页为中心的万维网第一入口。

1990 年，为了方便自己所服务的欧洲核子研究中心，能够快捷地使用由 HTTP 与 HTML 构建的网页，享受资助自己"超文本"项目的红利，蒂姆上线了人类历史上第一款浏览器。浏览器的名字叫"World Wide Web"（万维网），它可以让用户通过 TCP/IP 协议及其补充协议快捷地浏览他人创建的网页，解决普通民众接入网络的问题，完成了当今互联网基础建设的最后一环，正式打开了互联网民用的大门。

## 互联网有了"规矩"

20 世纪 90 年代，随着蒂姆的万维网体系日益受到群众认可，互联网的接入数量与日俱增。但由于没有统一组织进行秩序构造，各个科研组织的互联网研究依旧如同散沙一般，在大量重复劳动中缓慢前行。更为尴尬的是，由于各大组织所确立的规则不同，原本应该研究怎样让互联网持续向前发展的资金和人才，往往用于解决因规则不通而造成的"连不通"问题。

这种现状严重影响了全球互联网发展的进度。因而在 1991 年 6 月的哥本哈根国际网络会议上，出现了组建国际协同单位的呼声，他们希望在网络技术领域建立一个类联合国形式的协调机构，将互联网未来的规则标准制定下来，以便让全人类的计算机人才能够集中力量去突破新技术，提高互联网普及率。但由于各个互联网组织往往都背靠着政府，假如建立一个在国家形态之上的互联网组织，无疑会降低国家政治的控制力，所以从构建国际协同单位的想法确定到成立足足用了 6 个月时间。直到 1992 年 1 月，国际互联网协会（Internet Society，简称 ISOC）才在各大政治势力的角逐中脱颖而出，成为互联网发展的先锋队，以及互联网基础秩序的"守护神"。

## 互联网巨头的摇篮

保罗·莫卡派乔斯发明了域名系统 DNS，让人们可以轻易找到自己所需数据的位置；蒂姆则在此基础上，以超文本概念为蓝本，创造出了 HTTP（超文本传输协议）和 HTML（超文本标记语言），搭建起了一个被称为"网页"的新事物，并由此衍生出了我们所熟悉的万维网。他们将互联网的使用门槛一再降低，人们只需通过点击被称为"网页"的超文本中所记录的标记，立刻可以跳转到标记所对应的数据，不需要操作者懂任何软件编程以及计算机编写代码技能。随着网页以及万维网的诞生，虽然从技术层面上看互联网民用的雏形已经基本完成，但是从服务层面来看，初期的万维网依旧无比简陋，人们能够通过万维网享受的互联网服务极其有限。民用计算机的大门已经打开，无数的创业者将万维网看作一座待挖掘的互联网金矿，他们怀着激动的心情涌入其中，想着挖出理想的"金砖"。而在那个时代孕育这群弄潮儿的最大"温室"，正是美国斯坦福大学建立的斯坦福工业园（硅谷），如今我们所熟悉的苹果、谷歌、脸书等互联网巨头，均是由这里诞生，然后成长为"庞然大物"的。

图 2-3　位于硅谷的苹果飞船总部大楼，是美国苹果公司新总部大楼，乔布斯生前所设计。该建筑外墙全部由透明的玻璃幕组成。乔布斯形容这栋建筑就像是一艘刚刚着陆的宇宙飞船，而美国的媒体却很默契地称其为"巨型玻璃甜甜圈"。（图片来源：维基百科；作者：Daniel L. Lu）

1885 年，铁路大亨利兰·斯坦福为了悼念自己早逝的孩子，决定为儿子留下能永远镌刻在历史上的符号。经过数月的思考，利兰·斯坦福斥资在加州一个相对偏远的帕洛奥拓小镇买下了约 60 平方公里的土地修建学校，取名小利兰·斯坦福大学。60 平方公里的土地足有 2 个澳门大小，因而斯坦福大学自建立之日起，就成了全美土地使用面积最宽广的学校之一。但由于所处位置在很长一段时间里都是美国待开发的农村，学校也被戏称为"乡村大学"。

1941 年，伴随着日本"嗡嗡"的战机螺旋桨声，珍珠港作为美国太平洋舰队最主要的基地被付之一炬，为此，美国开始全面投入第二次世界大战中。中国的古话说："工欲善其事，必先利其器。"美国开始投入大规模资金进行武器研发，据不完全统计，自 1941 年开始到"二战"结束，约有 60 亿美元流入各大科研大学。麻省理工、加州理工、哈佛大学等顶级名校，相继拿到政府数以亿计的资金，进入了科学研发的黄金期。

斯坦福大学虽然也在政府的扶持名单之列，但是属于最低的档次，仅拿到了约 600 万美元的支持，相对麻省和哈佛那些"亿"字开头的资金数来说，可谓天差地别。但对于斯坦福大学来说幸运的是，他们出了一位极其具有眼光的教授弗雷德里克·特曼(Frederick Terman)。该教授原为麻省理工学院的老师，在无线电领域有着丰富的经验。由于特曼的父亲是斯坦福大学的教授，斯坦福校园成了特曼儿时嬉戏最主要的场所，承载着特曼童年的记忆，因而特曼对斯坦福有着深厚感情。

某年特曼因身患肺结核回老家养病，期间看到家中年迈的父亲，"顿生孝心"，病好之后的特曼并未返回麻省理工，而是为照顾日益年迈的老父亲留在了斯坦福任教。与此同时，随着"二战"越打越激烈，负责传输作战指令的无线电技术在战争中的作用开始显得越来越重要，毕竟军情是不能延误的。所以交战各方都开始围绕无线电技术进行了广泛的研究，都希望借此抢占先机。美国作为主要参战国也不例外，并且出于对弗雷德里克·特曼在无线电领域专业度的信任，美国科学研究发展办公室特意资助了一座哈佛无线电实验室（Harvard Radio Research Lab, RRL）给他掌舵，专门负责研究无线干扰器，制造无线电领域的"巨盾"。伴随着哈佛无线电实验室的落地，区别于其他大学傲娇的合作态度，斯坦福大学迈出了和军方广泛合作的第一步。在弗雷德里克·特曼的带领下，斯坦福展示出了干练且务实的作风。

　　首先是作为领头人的弗雷德里克·特曼没有丝毫传统学术精英的"匠气"，他穷尽自己所能，不断地接近自己的"金主"——政府，去各种军事单位担任顾问。此时的特曼想的不是能够赚取多少名望，只求可以在负责批预算的高官面前混个脸熟，建立稳固的政界关系网络，为斯坦福争取更多经费创造条件。同时弗雷德里克·特曼还积极地培养学生的动手能力，他鼓励学生不要过多地沉迷于纸面上的计算，当某项研究遇到瓶颈，别反复地用数学公式去论证，而是要将设想制造成可操作的"原型机"拿到"市场"上去论证对错。并且在制造"原型机"的过程中，斯坦福大学会竭尽全力为之提供可靠的资源。如此一来，斯坦福褪去了死气沉沉闭门搞学术的"外套"，开始走向新时代。1951年，已经就任斯坦福教务长的弗雷德里克·特曼为了能够让斯坦福大学的学生可以尽情地实现自己的创意，建立了以斯坦福大学的研究成果变现为核心的斯坦福工业园，这就是我们今天所熟知的硅谷。

斯坦福工业园建立的过程很顺利，没有土地纠纷也没有高昂的经费支出，还能提供廉价的工作空间，以及斯坦福开放性教学带来的学术支持。所有入驻工业园的企业，其员工均可在斯坦福接受培训。随着时间的推移，斯坦福周边越来越繁荣，并汇集大批美国顶级的高科技公司。曾经的"乡村大学"斯坦福，摇身一变成为能跟哈佛和麻省理工媲美的顶级名校吸引了无数人才前往学习深造。

大批企业入驻斯坦福工业园，斯坦福为自己的毕业生提供了更多的就业机会，同时依靠学术和金钱的双重补贴，营造了一个鼓励学生勇于进入社会闯荡的精神环境。而这正是将斯坦福工业园蜕变成硅谷最重要的土壤。

## 这是属于微软的时代

1975 年，20 岁的比尔·盖茨（Bill Gates）嗅到了计算机时代的来临，而学校的知识已经无法跟上最先进的计算机技术，因而他果断地选择了从哈佛退学，开始从事计算机的开发工作。那时他们瞄准了一个被称为"BASIC"的市场，BASIC 为美国达特茅斯学院约翰·凯梅尼（J. Kemeny）和托马斯·卡茨（Thomas E. Kurtz）创造的一种通用的计算机编程语言，是当时微型计算机操作和构造的基础。由于 BASIC 直接操作计算机的行为需要一套解译器充当翻译，将 BASIC 编写的指令翻译成计算机能够直接执行的机器指令，因而 BASIC 解译器成了一个重要的需求点，而比尔·盖茨敏锐地意识到了这一点。

1979 年开始，比尔·盖茨就带着自己的小公司"微软"，将 BASIC 解译器作为主攻的商业方向。当时开发解译器大多数都是程序员间的私人行为，像微软这样以公司的形式大规模地推广和生产 BASIC 解译器的公司几乎没有。如此一来在高需求且没竞争对手的情况下，微软的生意相当火爆，一度垄断整个 BASIC 解译器市场，成为解译器领域的行业标杆，比尔·

盖茨也由此赚取了人生的第一桶金。

同时也正因微软牌 BASIC 解译器在代码编程领域的成功，当时美国最大的计算机制造商 IBM 将其视为合作伙伴，微软由此迎来了发展的春天。1980 年，微软从 IBM 手中拿到了新款计算机操作系统的订单，根据要求产出了第一代操作系统 MS-DOS。这是微软赢得计算机软件领域霸主地位的第一步。由于是站在计算机生产巨头 IBM 的肩上，这个第一步踏得非常顺利。随着 IBM 新款计算机的销量不停地上升，MS-DOS 的市场占有率也迅速扩张，加之当时的其他计算机制造商大都以

IBM 的计算机为制作标杆，为了能够快速兼容 IBM 的计算机，也会选择微软的 MS-DOS 作为操作系统。

渐渐地，依靠着 IBM 的提携，微软蜕变为计算机操作系统领域的标杆级存

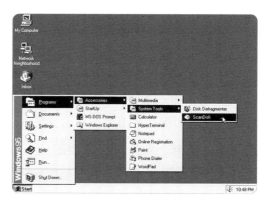

图 2-4　Windows 95 的菜单操作界面。作为有史以来最成功的操作系统之一，Windows 95 相比之前的 Win 3.x 在界面和功能上实现了巨大的提升。它以 GUI 的重要改进和底层工作为特征，带来了更强大、更稳定、更实用的桌面图形用户界面。

在，成为 IBM、苹果公司等计算机制作商的主要供货商。1985年 Microsoft Windows 1.0 发布，为了降低计算机的使用门槛，让它更容易走进千家万户，微软开始进行用户图形界面模式的尝试。在此之前，计算机操作系统往往使用的都是字符用户界面，人们用键盘输入指令，然后计算机再执行，整个过程密密麻麻的全是代码，这对于普通老百姓来说可谓是天书一般的存在。不过其节约计算机资源，使计算机不容易因负荷过重而崩溃，目前程序员在编写软件时依旧沿用字符用户界面。

用户图形界面跟 BASIC 解译器完全不同，它把代码给图形化了，进入系统的用户看到的不再是密密麻麻的代码，而是以图形操作的界面，拿 Windows 举例来说就是桌面、文件视窗、文件图标等。1995 年，经过约 10 年的不停探索，Windows 的图形界面从尝试阶段走向了成熟稳定阶段，那年计算机系统历史上有着跨时代意义的 Windows 95 正式发布。该版本将整个个人计算机操作的流程完全可视化成了图形界面，建立了以左下角"开始"按钮加横跨屏幕的"任务栏"为用户计算机生活中心点的体系。至此，人们不再需要懂得很多代码知识，即可上手进行计算机操作，为此比尔·盖茨喊出了"让每个人桌面上都有一台电脑"的口号。

由于在抢占式任务处理和桌面交互方式上同苹果公司的计

算机系统有着类似的构想，因而苹果产品爱好者们曾斩钉截铁地大骂微软"抄袭"。但这并不影响微软 Windows 95 的成功。微软自身在原有计算机系统领域具有高市场占有率，而微软的 Windows 95 又在功能体验上领先了绝大多数同行，包括苹果公司。苹果公司系统的部分功能确实早于微软，但将那些功能进行深度完善，并建立便捷操作模式的是微软。与此同时，由于微软在系统中内置了一套联网系统，普通用户只需通过拨号网络功能，即可接入互联网。这极大地降低了人们参与互联网的成本，解决了互联网发展第一步的硬件门槛问题，微软也因此成为当今互联网的元老级功臣。

## 互联网商场打响"第一战"

蒂姆·伯纳斯·李在 1990 年研发出的"World Wide Web"浏览器以及以 HTTP（超文本传输协议）和 HTML（超文本标记语言）打造的名为"网页"的互联网服务形式得到用户端喜爱之后，作为"网页"第一入口的浏览器，不可避免地进入了野蛮生长期，催生出一大批浏览器品牌。成立于 1994 年 4 月的网景通信公司（Netscape Communications Corporation）是其中最为耀眼的存在。该公司以美国伊利诺伊州伊利诺伊大学的国家超级计算机应用中心开发的 Mosaic 浏览器为参考，研发出了第一代达到垄断级的浏览器——网景（Netscape）。该浏览器借助稳定的浏览性能，从众多竞争者中脱颖而出，第一代互联网用户几乎都是其使用者。据不完全统计，自 1994 年 12 月正式版发布后，不到两个月，网景浏览器的市场份额达到了 60%，几乎成为那个时代接入互联网网页的必备工具。

网景公司的估值也由此一路飙升，在 1995 年 12 月成为估值 70 亿美元的巨头公司，创造了互联网公司的估值奇迹，这也意味着互联网的价值开始被资本市场所接受。面对后来居上的"小弟"网景，微软陷入了随时会被超越的危机之中，尤其是网景开始尝试建立以浏览器为核心的桌面操作系统之后，微软更是如临大敌。在此之前，微软一直认为计算机发展的核心依旧是以计算机本身为基础，只要服务好用户在操作计算机时的体验就好。而网景的突然崛起让微软明白，它之前的想法在新时代显得有些幼稚。从用户需求来看，互联网的魅力远远要大于计算机本身，计算机在用户的心中只是工具而已，而能够让他们享受服务，帮他们解决问题的是飘在空中遥不可及的互联网。所以，理论上谁掌握了互联网的入口，谁就握住了计算机未来的发展方向。

恍然大悟的微软在 1995 年开始奋起直追，为了能够快速地超越对手网景，微软从望远镜娱乐公司（Spyglass Entertainment）拿到了网景浏览器的前身 Mosaic 浏览器的授权，并以此为基础开发出了 Internet Explorer（IE）。

1996 年 2 月，在网景浏览器市场份额占到接近 90% 的巅峰时，微软开始了它的战略反击战——大规模地推进自己的浏览器 Internet Explorer（IE），并在 1996 年 3 月高调宣布：微软将全力保护 IE 的存在。微软为了防止腹背受敌，还与自己在门户网站领域的死敌 AOL "冰释前嫌"，达成战略合作。

AOL 的全称是美国在线服务。它能够提供电子邮件、新闻组、教育和娱乐等方面的服务，是现代门户网站鼻祖，也是 20 世纪 90 年代美国普通网民最大的互联网落脚点之一。面对微软的磨刀霍霍，网景在 1996 年 10 月喊出了 "包容与统一" 的口号，希望作为终端平台方的微软可以公平地对待网景和 IE 的存在。然而别人的舞台始终是别人做主，网景想要的公平从一开始就是个笑谈。随着时间的推移，微软自 1995 年 11 月开始的 "拥抱与延展" 战略所带来的优势越来越明显。在整个微软产品线的持续 "流量" 导入之下，IE 平稳度过了新产品最容易夭折的冷启动期进入了持续增长期，市场份额步步高升。相对的，网景浏览器则在此消彼长的状态中坠入了深渊，1998 年年底，市场份额跌至 50%，且还在不停地下跌。出于打翻身仗的考虑，网景浏览器一度打出了免费牌，希望以此留住用户。但是免费的服务除了给网景带来更严重的亏损，并未使其获得任何实质性的市场份额提升。1998 年 6 月，微软以碾压之势向网景浏览器发起了最后一击，借助自己新的操作系统 Windows 95 OSR2 的发布，将 IE 浏览器捆绑其中。

此时，网景和 IE 在功能上已经没有过多的差异，而微软的举动无疑给了网景致命一击。在 IE 能够完成基础的网页浏览操作的情况下，很难再让用户选择另外安装一个浏览器。最终，网景和微软的大战以 1998 年 11 月网景以 42 亿美元被 AOL 收购，微软从此开始了自己在互联网领域入口端的霸权时代。

## 中国迟到，但未缺席

1987 年 9 月 20 日，在中国兵器工业计算机应用技术研究所中，来自德国的计算机科学家维尔纳·措恩紧张地端坐在一台纯白色的计算机面前，他背后站着的是时任中国兵器工业计算机应用技术研究所所长李澄炯、机电部科学研究院前副院长王运丰等中国计算机研发领域的顶级学者。虽然那天的天气不是非常的炎热，但是措恩额头上依旧直冒汗。

1986 年，出于触碰未来科技的需要，中国兵器工业计算机应用研究所重金购入了西门子 7760 大型计算机进行计算机以及互联网的研究。由于当时正处于美国对中国的技术封锁期，对于互联网这类代表了当时西方最前沿科技的物件，美国不太愿意让中国使用，因而中国无法直接接入已开始进入组网阶段的全球互联网体系。就在中国研究员走投无路之时，德国人向中国伸出了援手，德国卡尔斯鲁厄大学答应帮助中国建设中国学术网络计划（CANET）。为了绕过西方社会的技术封锁，德国人同意成为中国的中间人，允许中国链接入德国的网络，然后通过该网络间接地接入国际互联网体系。

同样因为技术封锁，中国的计算机很难符合最新的国际互联网标准。而德国软硬件标准均是跟着国际互联网体系的要求走，所以相对落后的中国计算机体系在实际操作和磨合之后，依旧无法接入德国的网络。同时，中德两国专家在交流上存在极大的障碍，往往只能借助 2 年一次的西门子计算机用户讨论会，进行短暂的交流，这直接导致中德计算机互联项目的推进如同蜗牛爬行一样缓慢。

面对如此困局，1987 年，卡尔斯鲁厄大学冒着被美国处罚的风险，派遣曾在 1984 年 8 月 2 日以 zom@ germany 地址接收来自美国的邮件，正式将德国和美国主导的国际互联网体系连为一体的维尔纳·措恩教授前往中国。这位被誉为"德国互联网接入之父"的措恩教授，带着技术和设备来中国指导工作。对于这次出差，措恩多年后回忆："……攒足了干劲，发誓一定要成功。"

1987 年 9 月，经过 11 天的努力，措恩教授和他的团队将中德邮件连接所需的一切软件都设置完毕，并在 9 月 14 日用德文一字一句地敲完写有"越过长城，走向世界"的测试邮件。但让措恩教授无奈的是，邮件依旧无法发送成功，而此时措恩教授一行返航的日子也迫在眉睫。不过，措恩教授一行并未因要返航而放弃这次连接，整个团队仍日夜运作，不停地修改程序，终于在 9 月 20 日将邮件发送出去。同时，卡尔斯鲁厄大学的超级计算机确认收到邮件。就这样，措恩教授一行用敬业和坚持，让中国踏出了进入互联网的第一步。

1990 年 11 月 28 日，作为中国学术网络核心成员的措恩教授帮助中国进一步挖掘学术网络的潜能，为中国构建了". CN"顶级域名服务器，并成功将其注册到了斯坦福研究所网络信息中心的全球域名分配系统之中。于是，中国在互联网上有了自己的名片——. CN。与此同时，在国家计委的指导下，中国也自 1989 年开始了互联网基础网络建设。在世界银行资金的加持下，中国国家计算机与网络设施（The National Computing and Networking Facility of China，NCFC）计划正式启动。中国教育界、商贸界、科技界的电脑逐渐完成相互之间的网络架构，而在它们之上，中国科技网（CSTNET）的建设也逐渐展开了。由于中国的国家性质理论上是跟美国相冲突的，所以还处在"冷战"思维的美国人坚决不同意中国全面接入互联网，生怕中国人从互联网上偷走属于西方国家的技术。但中国科研界并未因此而放弃迎接属于自己的互联网时代。中科院高能物理所很长一段时间都是通过高昂的卫星通信接入国际互联网，放弃了走相对低廉的物理电缆的路径。也可能是被中国科研界的真心所感动，1994 年，美国国家自然科学基金会（National Science Foundation，United States）在经过激烈的讨论之后，同意中国接入国际互联网。 自此，中国掀起了属于自己的互联网新浪潮，赶上了信息革命的末班车。

INTERNET 03

互联网"大爆炸"

## 搜索：知识最美好的时代

法国知名小说家爱弥尔·左拉曾说："生活的全部意义在于无穷地探索尚未知道的东西，在于不断地增加更多的知识。"所以，当科学家们将"数不清"的知识打包放在互联网之后，立即引来无数的求知者疯狂地吸收，互联网一时间成为全世界知识体量最大的"图书馆"。由于科学家只是将知识放在了网络上，求知者要想找到自己所需的知识，得先知道东西放在哪里，即 IP 地址或域名。

如此一来，知识跟求知者的关系处于极其不对称的状态，求知者从确定自己想要什么，到找到他需要的知识，往往需要费九牛二虎之力。因此，为了让互联网的"共享"精神真正地惠及千家万户，互联网急需一个"使用指南"，为在互联网海量信息中迷失方向的求知者们指明正确的道路。常言道："哪里有需求，哪里就有创造。"1994 年 1 月，由美国斯坦福大学研究生大卫·费罗（David Filo）和杨致远(Jerry Yang)制作的

"杰瑞和大卫的互联网指南"（Jerry and David's Guide to the World Wide Web）千呼万唤始出来。

杨致远 1968 年出生于中国台湾。1970 年父亲去世，作为英文和戏剧教授的母亲带着他来到美国加利福尼亚州生活。1990 年，杨致远考入美国当时风头正盛的斯坦福大学。在那里他邂逅了自己的终生伙伴大卫·费罗。1994 年 4 月，两人为了能够完成学术论文，跟绝大多数的求知者一样，毅然涌入了互联网。在那里，他们想尽一切办法去获取自己想要的知识，于是通过各种共享渠道获得了作为大批知识储存点的 IP 地址或域名。

写论文不是晃一眼看看资料就行了，而是需要对资料进行筛选以及消化，所以不可避免地要反复登录某个 IP 地址或域名。为了能够将这个反复的过程简化，费罗、杨致远选择将所需要的 IP 地址或域名添加到书签保存，但随着他们积累的知识储存点越来越多，书签慢慢地也不够用了。"杂乱无章"的书签列表令费罗、杨致远头痛不已。也正是因为吃了找资料的亏，他们意识到互联网这个新事物虽然将计算机都链接起来了，但依旧没有让人和互联网连起来，互联网给人一种高冷且毫不亲民的感觉。

为了让互联网更加亲民，也为了让那些跟他们一样苦于找不到知识储存点入口或者是被烦琐的重复操作所困扰的同胞们能够轻松愉快地享受互联网带来的便捷,费罗和杨致远想了一个办法。他们以分类目录的方式制作了一个由诸多网站(知识储备点)链接组成的网站列表,让不善于使用互联网的新生用户可以迅速了解和发现互联网上的网站(知识储备点),进而降低他们获取知识的操作成本。

互联网上"很难找到东西"这件事从历史结果来看,确实是互联网早期普及阶段的一个服务缺失"痛点"。"指南"一经推出,就吸引来大批需求者。与此同时,由于"指南"直接放在斯坦福大学电机系的工作站上,随着用户的急剧增长,承载"指南"的服务器逐渐吃不消了,所以当 1994 年 5 月在线访问量突破 10 万时,服务器不堪重负导致崩溃,使费罗和杨致远一度陷入学校的责难之中。

"指南"在完成一定用户积累后,为了区别跟风的各式同质化"指南",费罗和杨致远为"指南"取了一个更加标签化的名字:"雅虎",该名字来源于一本由英国作家乔纳森·斯威夫特创造的游记体讽刺小说,是小说中对一群野人的代称。雅虎所处的互联网时代,正是互联网萌芽的蛮荒阶段,作为一个互联网产品,雅虎是第一批尝鲜者,就如同人类千年演变史上,第一个拿起工具的"野人",虽然它可能会被后继者慢慢取代，但我们不能不铭记是它开启了一个新的时代。

1995 年初，雅虎被当时的互联网巨头网景公司看中，当时网景公司的网景浏览器占据着绝大部分的浏览器市场，是最早成功的互联网服务性产品之一，也是当时互联网用户上网的第一入口。与此同时，最早的门户网站美国在线、风头正盛的计算机软件供应商微软，也都纷纷伸出了橄榄枝，希望能够收购雅虎，将其划入自己的产品体系。但因网景、美国在线、微软在收购雅虎这件事上的出发点大多是花多少钱把雅虎买下来，而忽略了对雅虎本身的发展规划，所以都没有打动费罗和杨致远。直到一家叫红杉资本的投资公司出现，该公司秉承专业事需要专业人做的理念，用近 200 万美元换取了雅虎 25% 的股份。

红杉资本于 1972 年在美国硅谷成立，投资的理念是始终致力于帮助创业者成就基业长青的伟大公司，为成员企业带来全球资源和历史经验。根据雅虎初创阶段仅两位技术人员的现实情况，红杉资本投资后的第一件事，就是将雅虎从原"自娱自乐"的草根公司，转型为一家商业公司（1995 年 3 月 1 日雅虎公司挂牌成立），并为其配备适当的职业经理人，处理雅虎在商业运作上的"杂事"。对此，红杉资本的投资家莫里兹是这样说的："他们脑子里什么都不想，只有专注和爱好，对于杨致远和大卫来说，就是创造雅虎——互联网最全面的导航服务。"

红杉资本资金注入之后，雅虎这辆商业战车开始快速"奔跑"，为了缓解因用户过多而造成的服务器堵塞，雅虎选择向曾经的投资意向方网景租用相关的服务器设备。1995 年 8 月，随着雅虎公司的规模日益扩大，红杉资本的近 200 万美元的初始投资额度显得有点微不足道了。为了避免公司因资金缺口变大而崩盘，雅虎向社会提出了约 4000 万美元的融资方案，传媒大亨路透社和日本软银在这一阶段入股雅虎。

资本加持下的雅虎，其服务器越来越稳定，用户数也呈直线上升趋势，逐渐成为继网景浏览器之后[①]，互联网用户最常用的服务型产品之一，并且在软银、路透社、红杉等资本机构的扶持下于 1996 年 3 月 7 日发行了股票。雅虎作为新生的互联网服务领域的"入口级"公司，上市之后立即受到了股市投资者的疯狂追捧，很多因错过"网景奇迹"而气馁的美国股民开始疯狂地抢购雅虎股票。雅虎股票在 1996 年 4 月 12 日发售

①　注：网景创造了在 1995 年 8 月 9 日开盘 28.5 美元，收盘便达 58.5 美元的奇迹。艾伦. 互联网最古老的生意生死浏览器［N/OL］中国青年报，http：//zqb. cyol. com/html/2012－07/12/nw. D110000zgqnb－20120712－3－12. htm，2012－07－12（12）.

当日，市值就高达 5 亿美元，继"网景"之后创造了新的互联网产品奇迹。费罗、杨致远二人仅用 1 年时间，就从"一无所有"到登上了亿级美元市值的宝库，成为 20 世纪 90 年代全世界青年人追捧的"创业偶像"。与此同时，依托着公司上市带来的大规模现金流，雅虎加开了自己的全球化战略：4 月雅虎日本正式运营，紧接着是法国、德国……雅虎瞬间建立起了以美国为立足点，覆盖全球的互联网入口体系。

雅虎在成立的第 4 个年头（1999 年），借助在全球网址导航领域的垄断地位将市值冲上 390 亿美元，而曾经要入股甚至收购雅虎的网景，在 1998 年 11 月 24 日以 42 亿美元的价格卖身美国在线，雅虎顺利接棒，成为新一代的全球互联网产品界霸主。

雅虎依靠人工分类目录的方式，建立了以主要功能词连接推荐链接的手段，将互联网海量信息中的精华部分，最便捷地呈现到需要它的人眼前，极大地降低了求知者使用互联网的门槛。截至 2018 年，这类产品依旧是互联网初学者的重要入口，以互联网大国中国为例，目前流行的 Hao123、360 导航等类雅虎产品，依旧还是普及网络的急先锋，它们正为数以千百万计的互联网新用户提供安全快捷的互联网服务。

虽然雅虎取代网景成了霸主，但是雅虎有个天生的致命缺陷,即所服务的用户范围太窄。雅虎成立之初依靠全心全意服务初入互联网的"小白用户",获得了大量用户以及流量。成也萧何败也萧何。"小白用户"不会永远是"小白用户",随着互联网技术走进千家万户,那些曾经的互联网"小白用户"开始逐渐蜕变成了"老手",新生一代的年轻人由于原本就是互联网的"原住民",使用互联网对他们来说跟说话、吃饭一样理所当然,几乎没有一点门槛。因而雅虎这种把资源点筛选出来的保姆式服务,很快就因无法满足"老手""原住民"们日益强烈的"个性需求"而出现了危机。

"老手""原住民"们不需要有人告诉他们哪些东西是好的,他们要把对资源点优劣判断的选择权收回来,于是渐渐地开始远离雅虎。在 20 世纪 90 年代互联网普及的大浪潮之下,这些选择离开雅虎的用户,被每年互联网新用户持续上涨的数据掩盖了。当时每当有"老手""原住民"离去,立刻会有更多的"小白用户"涌入,所以放在雅虎高层面前的数据中,雅虎的用户数据一直呈现非常漂亮的高速增长曲线。直到 21 世纪初,主要发达国家的互联网普及工作基本完成,"小白用户"增长的数量每年持续减少,雅虎的局限性问题才日益凸显并被重视起来,但遗憾的是为时已晚。

"老手""原住民"虽然已经不爱雅虎的"主动喂食",

但是并不代表他们不想从互联网中获取知识，恰恰相反，他们想要获得更多自己所需的知识，以用户主动寻找知识为核心的"检索"需求由此诞生。在这个需求的直接推动下，"全文检索"的时代降临了，而该时代最具代表性的公司非谷歌（Google）莫属。

"23岁的时候，我有个梦想，某一天我突然醒来并开始思考，要是我们可以下载整个网络，然后保存那些链接的话……"[1]1996年，在创始人拉里·佩奇要下载整个网络的奇思妙想下，后来成为全球最主流搜索引擎的谷歌开始萌芽。拉里·佩奇在好友谢尔盖·布林的提议下，完善出了一个"变量等式"。

这个"变量等式"的一头是近乎无限数量的变量——搜索排名页面，另一头则是用户检索内容的关键词。用户通过输入不同的关键词，即可链接到所对应的搜索排名页面，然后点击排名页面收录的IP地址或者是网址，进入所对应的页面。而连接搜索排名页面、用户关键词之间的那个等号即为搜索引擎。也正因这个等式的存在，早期的互联网搜索引擎往往被天然地

---

① 木尔芒立. 万字长文揭秘谷歌成长史：荒诞梦想的副产品 [EB/OL]. 新浪科技, https：//tech. sina. com. cn/i/2018-07-17/doc-ihfkffak9603782. shtml，2018－07－17.

分成两个组成部分：一个是网络爬虫；一个是排列机制。网络爬虫完成的是拉里·佩奇最早的梦想，几乎将整个网络的链接都保存在了搜索引擎对应的服务器上；排列机制则按一定的排列规则生成所对应的搜索排名页面，方便用户找到他所需要的页面。

20 世纪 90 年代，网景、雅虎相继创造互联网神话，美国掀起了互联网创业的热潮，拉里·佩奇、谢尔盖·布林为了追赶上热潮，以"变量等式"为基础搭建起了谷歌的前身——BackRUB 搜索引擎。BackRUB 通过抓取页面内容的标题，为其匹配相关关键词，然后根据这个匹配结果，BackRUB 为关键词建立对应的搜索排名页面，即我们现在口中的搜索结果。而由于抓取的页面数量足够多，以及使用的页面排名规则"网页评级机制"（PageRank）在关键词和排名页面的匹配程度上，相对于同期的诸如 Lycos、Excite 等搜索引擎更优秀，更能达到用户的搜索预期，因而 BackRUB 的用户规模开始快速增长。

当时的拉里·佩奇、谢尔盖·布林并没有指望制造一个搜索网页来赚钱，他们更倾向于售卖自己的搜索引擎核心技术——"网页评级机制"套现，希望通过像微软卖操作系统一样，以授权的方式将其卖给相关的互联网服务公司。他们将自己定义为软件公司，而非互联网服务公司，且为了能够让自己的网页评级机制好卖，拉里·佩奇、谢尔盖·布林和他们的团队还制作了一个"对比搜索"的页面。该页面由三个部分组成：首先是用户输入关键词的输入框；再而是搜索按钮；最后是搜索引擎选择区。在搜索引擎选择区中，用户可以选择除了 BackRUB 之外，如 Lycos、Excite 这样的其他搜索引擎。只不过在显示其他搜索结果的同时，页面还有一个显著的位置，显示 BackRUB 的搜索结果，而因 BackRUB 的结果有网页评级机制的技术加持，其搜索结果的相关性比同时期的 Lycos、Excite 要强。拉里·佩奇和谢尔盖·布林试图以强烈对比的方式为自己赢得用户，让他们选择 BackRUB 搜索引擎的服务。

1997 年底，承载 BackRUB 搜索引擎的独立页面，在一次维护之后正式更名为"谷歌"（Google）。当时的互联网服务公司正在门户网站领域厮杀，所有公司都在想方设法地把用户留在自己的网站上，希望自己的网页能够满足互联网用户所需要的一切。就连搜索领域的前辈雅虎，在做好网站导航的同时，也开始涉足邮箱和门户，争夺用户在互联网的使用时间，让他们点击到自己网页上所投放广告的机会增加，进而创造收益。所以，在这样的潮流下没有多少人关注谷歌的诞生，并且他们坚定地认为随着各大门户网站体系的建立与完善，所谓的用户搜索需求会被稀释，门户网站会提供用户所需要的一切。

搜索领域霸主雅虎，按理说对新一代的搜索技术应该有着敏锐的嗅觉，毕竟这是自己在互联网领域的固有版图，也是发家的资本。但是当拉里·佩奇和谢尔盖·布林携带谷歌找上门希望合作的时候，雅虎高层选择了观望。他们肯定谷歌的技术，但可能是因为担心这会蚕食自己的核心业务——"雅虎"网址导航系统，所以并没有计划将其发展成为成熟的互联网服务产品，委婉地拒绝了谷歌的合作要求。

上帝并没有关闭谷歌的所有窗户，虽然在售卖谷歌技术的时候吃了不少闭门羹，但是作为演示谷歌技术领先的对比搜索页面收获了很多人的青睐。通过它，原本不是谷歌设想用户的大量普通互联网用户认识了谷歌，谷歌页面在不经意间以互联网服务产品的姿态逐渐赢得了市场。

创造出 JAVA 技术的升阳公司创始人安迪·别赫托希姆、亚马逊的创始人杰夫·贝佐斯、斯坦福大学教授大卫·切瑞顿等投资家在 1998 年拿出 10 万～25 万美元不等的资金投资谷歌。可能是出于一种鞭笞，很多投资者在支票上明确地写着给予"谷歌公司"，而那时"谷歌公司"并未成立。

1998 年 9 月 7 日，谷歌公司正式落户加利福尼亚州的曼罗帕克，在那里拉里·佩奇、谢尔盖·布林明确了谷歌的伟大使命——统治世界。而在此时，谷歌之外的互联网服务巨头网景正和计算机软件巨头微软围绕浏览器这个互联网服务层的第一级入口争抢得天昏地暗，全然不知 21 世纪的互联网霸主正如同七八点钟的太阳般冉冉升起。2001 年，拉里·佩奇和谢尔盖·布林邀约网络操作系统霸主 Novell 公司的掌门人埃里克·施密特为首席执行官，此时的谷歌已经是一家拥有 200 名员工的公司。但是对于竞争激烈的互联网世界来说，它依旧是一只不起眼的小虾米，就连他们自己的员工也是这样认为的。

埃里克·施密特在谷歌内部演讲时提出谷歌最大的对手将是微软时，绝大多数员工的表情是怀疑和诧异的，他们完全没有想过自己要对战软件系统的超级霸主微软，前一个挑战微软的网景浏览器在微软 IE 浏览器的围剿下一败涂地的场景还历历在目。但也正因为埃里克·施密特的这次演讲，谷歌有了危机意识，开始思考和时间赛跑，希望赶在微软于新版 Windows 系统中嵌入搜索引擎之前，建立用户对自己的"绝对"信任，以防重蹈 IE 浏览器取代网景浏览器的覆辙。

如何在和时间的赛跑中拔得头筹？ 最直接的方法就是让谷歌产生大额的收益，避免像网景一样在微软的强压下被亏损给压垮。而当时谷歌的收益面临着巨大的内部阻力，拉里·佩奇、谢尔盖·布林有着偏执的产品情怀，他们主观地认为广告是在消费用户，而这和服务用户的产品理念相斥，所以对于广告持抵制态度。正因如此，在埃里克·施密特入驻谷歌之前，谷歌的主要收入几乎完全来自授权第三方使用自己的搜索引擎服务，在收入层面依旧停留在软件服务商的性质上。而他们手中最受用户喜爱的谷歌搜索页面，在收入层面反而成了谷歌的负资产，不但不盈利，还需要谷歌提供大量的现金去升级随着用户增长而变得越来越不够用的服务器。

出于对谷歌未来发展负责的考虑，埃里克·施密特冒着跟创始人"吵架"的风险，开始了他进入谷歌后的第一件大事——将谷歌搜索页面这个"流量巨牛"变现。怎样变现？由于拉里·佩奇、谢尔盖·布林强调最大限度不影响用户的搜索体验，所以像门户网站那样直接对页面分割，构建出不同的广告位，然后进行售卖的常规路径便被完全封死了。好在埃里克·施密特毕竟是领导过计算机巨头 Novell 公司的职业经理人，内部的局限并没有阻拦他的"变现"之路，在经过和技术工程师的数次切磋之后，埃里克·施密特提出了一种建立在服务客户需求基础上的广告新模式——AdWords（关键词广告）。

AdWords，从服务性质上说叫关键词竞价广告，从本质属性上说是"赞助链接"。谷歌通过所掌握的大量搜索数据，与搜索引擎平行搭建了一个以定向广告和竞价广告为理论基础的

Google AdWords广告系统。该系统通过读取用户在搜索框输入的搜索关键词，为其匹配谷歌广告库里面对应的广告，做到广告和对应的关键词相互关联。这样做到广告带来收益的同时，也解决了用户对搜索引擎的需求。由于广告在谷歌搜索结果页面的右边空白处，跟谷歌的正常搜索结果互不冲突，也被形象地称为"谷歌右侧广告"。

正是因为广告跟关键词匹配，谷歌的广告做到了"千人千面"，一定程度上建立了远超门户网站的广告位数量，毕竟门户网站再怎么折腾也就只能在自己有限的网页容积上开垦广告位。谷歌的广告位则不同，他的页面跟关键词呈正相关，理论上它是无限的。且同样是因为关键词相关，对于谷歌的广告客户而言，这样更容易找到自己的潜在客户；同时因为广告不再是完全不感兴趣之物，是可以帮助用户解决问题的存在，谷歌用户对于谷歌广告的抵触相对于门户网站要低很多。

依靠着Google AdWords广告系统加持，谷歌搜索界面的商业价值得到了极大的释放，谷歌公司迎来了发展黄金期，用户数量不停地高涨，最高时谷歌在搜索引擎的市场占有率高达70%以上，跟用户数量呈正相关的广告收入也自然地水涨船高，并且因用户转化率高而成了21世纪初美国中小型公司最愿意合作的广告平台。当2004年8月19日谷歌正式上市之时，其手中已经握有约 5 个亿美元的现金。

正是因为现金在手以及坐拥具有持续"造血能力"的 Google AdWords 的自信，谷歌在上市之时对用户喊出"谷歌已经有足够的现金来支持我们的业务，并通过运营产生了额外的现金"，简单明了地告诉投资者，我不是要你们的钱去图发展，只是要证明自己的价值。面对谷歌这样"自信"的上市姿态，资本市场给出了正面支持的态度，谷歌上市不久就赢得了 85 美元每股的超高股价，总估值达到了约 230 亿美元，直逼当时的互联网服务界巨头雅虎的 380 亿美元。而就在谷歌的互联网英文搜索业务得到用户和资本市场肯定之时，太平洋彼岸的亚洲中文圈，一位来自山西阳泉的小伙子李彦宏也扛起了互联网搜索的大旗。

"众里寻他千百度，蓦然回首，那人却在灯火阑珊处。"2000 年，李彦宏和他的百度在北京中关村挂牌成立，开始了互联网中文搜索的探索。1991 年，李彦宏拿着美国布法罗纽约州立大学计算机系的通知书踏上了他的美国求学之旅，并于 1994 年开始在华尔街工作，成为美国顶级传媒集团道琼斯公司的一员。他在那里很长一段时间都负责《华尔街日报》网络版的技术支持，过着绝大多数中国留学生羡慕的生活。但是李彦宏的志向远不止于此，他构思了一种被称为"超链分析"的搜索引擎排序法，通过一个网页被引用的次数判断该网页的好坏，然后通过超链接上的文字，判断网页所对应的相关关键词，大幅度地提高了搜索引擎的搜索结果和关键词的相关性。

道琼斯毕竟是个传媒公司，主营业务是编辑资讯然后传达给读者，所以李彦宏的"超链分析"虽然很好，但并没有促成开发搜索引擎的计划，而是被作为一种"技术产品"甩卖。面对公司这种"杀鸡取卵"的短视行为，李彦宏在 1997 年选择离开华尔街，进入了谷歌成名之前最重要的搜索引擎公司 Infoseek（搜信）工作。Infoseek 依靠在 1995 年 12 月成为网景浏览器默认搜索引擎的渠道优势，当时成为了搜索引擎的龙头企业。然而成也网景，败也网景。当网景 1998 年 11 月 24 日彻底输给微软 IE 浏览器之后，Infoseek 的用户量也急剧下降，同年卖给了迪斯尼，成为一个门户网站。可能正是因为 Infoseek 放弃搜索引擎方面的发展，促使李彦宏在 1999 年选择了回国发展，并在以前做 Infoseek 搜索的朋友圈里传达出自己要开发中文搜索引擎的信息。这个消息为他带来一笔 120 万美元的风投，从这笔百度的创业初始资金来看，相对于绝大多数中国本土互联网公司，百度可谓是含着"金汤匙"出生的（马云的阿里巴巴、马化腾的腾讯创业初始资金为 50 万元人民币）。成立之初的百度跟早期的谷歌走的是类似步伐，即将自己手中的搜索引擎技术卖给像门户网站那样的第三方网站，作为软件服务商而存在。

2001年，埃里克·施密特入职谷歌，开始将谷歌公司从卖技术的软件公司向互联网服务公司转型。与此同时，李彦宏跟他做了几乎完全一样的决定：在百度股东大会上，他提出要建立独立的搜索引擎网站，并配备以定向广告和竞价广告为理论基础的"竞价排名"来进行创收。由于担心百度成为独立的搜索网站后，将稀释门户网站的用户时间，与自己的"金主"形成竞争关系，引起金主对百度搜索引擎服务的封杀，而使百度陷入没有现金收入的破产风险，所以李彦宏的提议最初并没有得到股东们的认可。但是李彦宏并未就此放弃，他坚定地认为只有走向服务广大普通用户的道路，百度才能够在竞争激烈的互联网大潮中活下去，为了活下去百度应该去赌一次。2001年下半年，在李彦宏的坚持下，独立的百度搜索网站上线，次年百度正式推出竞价排名，将商家的推广信息直接加入搜索结果中，且关键词和推广信息呈相互关联的状态。

与此同时，为了改善百度的搜索体验，百度内部执行了大规模技术革新计划——"闪电计划"，该计划的宗旨是在用户体验和搜索的底层技术上全面追赶谷歌。2003年，经过一年的努力和拼搏，李彦宏给股东交出了满意的答卷：百度非但没有因为丧失一定数额的搜索技术服务订单而垮掉，反而因为竞价排名模式的成功，完成了在收入层面的"大腾飞"。根据美国网站数据评测机构 Alexa 的数据显示，百度还在独立搜索引擎领域取得辉煌成绩，成为了仅次于谷歌的全球第二大搜索服务公司，且在中文互联网领域压了谷歌一头，成为中国网友首选的搜索引擎网站。2005 年 8 月 5 日，依靠着"中文搜索领头羊"的头衔，百度在美国纳斯达克敲响了上市的钟声，仅比美国的同行谷歌晚了 1 年。考虑到百度提出的竞价排名盈利的商业模式，美国谷歌已经用实际行动告诉了美国投资者，这一定是一件赚钱的事，所以当百度以 66 美元每股的价格开盘之后，价格一路狂飙至收盘价的 122 美元每股，创造了中国上市公司的股价奇迹。

谷歌、百度两家几乎同时诞生的公司，依托关键词广告和竞价广告理论构建的区别于门户网站的"千人千面"广告系统，在太平洋两岸缔造了属于"全文检索"的互联网新时代，且随着各自用户的增加，一起将搜索网站打造成了继浏览器之后，新的互联网超级流量入口。与此同时，由于这个流量入口是一个一个由搜索引擎公司生成的页面组成，间接地让"搜索网站"对流量入口有了极强的控制力，能够诱导流量去它认为应该去的地方。所以在 21 世纪初，搜索引擎一度成为支配互联网的"上帝之手"。

　　时间进入 21 世纪 10 年代，电商、社交、个性推荐资讯产品日益增多，互联网用户获取数据的方式开始变得多样化，而相对的，互联网用户上网时间总量却没有改变。如此一来，各个领域的互联服务产品，为了能够将用户留在自己的手中而拼命地努力。其中，以百度和谷歌为代表的"全文检索"搜索也未能避免参与这场争夺时间的互联网大战，它们相继推出各种直面用户的聚合服务，让搜索从"搜索即信息"向"搜索即结果"转变。举个简单的例子，假如我们输入"高考"二字，在搜索引擎的结果页面，不再仅仅是像以前一样出现各种和高考相关的网址列表，而是直接出现针对高考关键词输入用户最迫切问题的解决方案。譬如各地区文理科本科分数线查询、高校招生分数线查询，且这些功能可以直接在搜索结果页面完成获取结果的操作，用户无须跳转出搜索引擎。搜索引擎不再局限于帮网站导流，给用户提供选择，而是搜索引擎直接在自己的页面提供用户想要的方案。曾经用户从搜索结果页面到相关服务站的产品模式，悄然变成了用户到搜索即结束，搜索不再只是一个中转站，它就是结果。

　　回望过去，从雅虎的导航搜索到谷歌、百度引领的"全文检索"，再到如今各大搜索引擎打造的聚合结果，人类获取知识和解决问题的途径越来越便捷。知识不再是高高在上的庙堂之物，而是成为唾手可得的"囊中物"。对于人类来说，搜索引擎开启了知识最美好的时代。

## 电商：商业从未如此便捷

时间就是生命，效率就是金钱。自原始社会以物易物的交换开始，商业成了人类社会不可或缺的组成部分，而效率则是商业永远追求的热点。所以，每当有能够提高人类工作效率的新事物出现时，商业往往会是最早的一批"尝鲜者"。蒸汽火车发明之初，因为它能够提高货物的交换效率，立刻在商业发展的推动下遍布全世界，直接促使人类进入了工业化时代。

1968 年，阿帕网进行组建，人类开始尝试组建一个无形的信息高速公路，将信息交流的速度直追声音与光。面对这一远快于邮政系统的新生信息交流方式，商业在效率的"诱惑"下义无反顾地成了互联网的"弄潮儿"，而这即为电子商务的原始状态，作为用互联网技术提高商业活动效率的工具存在。

20 世纪 60 年代，第二次世界大战结束已经十余年，重归和平状态的地球开始了紧锣密鼓的基础设施重建工作，由此直接促使全球贸易遍地开花，各类贸易单证、文件数量相继激增，以至于机械的人力整理已经很难将其完全梳理清楚，各种人为失误造成的错误层出不穷。根据当时美国某分销中心数据显示，5%的单证都出现了错误。"高错误率"成为当时商业活动挥之不去的噩梦，商业渴望一种能够提高精准度的工具。虽然在当时，使计算机与计算机之间进行联通的互联网技术刚刚起步，贸然使用它存在不可预估的"试错成本"，但看到因为人为出错而造成的巨大损失，商业愿意成为第一批尝鲜者。1968 年，在商业需求的推动下，作为当时全球最大的贸易国家，美国开始着手研究企业与企业之间进行电子数据交换（Electronic Data Interchange，EDI）的方法，并于 1975 年构思出了一套 EDI 标准。由于该标准被用来规范譬如采购订单、提货单等商业数据在互联网数据层面的组成结构，也被人们形象地比喻为互联网的"商业语言"。

EDI 标准运用之后，计算机识别一个数据时必须跟程序员提前设定的参考数据 100% 匹配，才能够被识别并进入下一步的既定程序。如此一来，直接规避了从源头出现错误数据的可能，极大地减少了数据处理中的错误。同时，由于 EDI 标准是基于互联网技术的数字传输，传输速度能与光、声音媲美，相比商业系统，走传统的邮政系统要高效很多。所以，EDI 标准的概念一经推出，世界各国都争相加入规则之中，EDI 一时间成为全球商业活动不可或缺的工具。不管是国家内部的商业活动，还是国与国之间的国际贸易，它们的效率都因此得到了极大的提高。据统计，截至 1993 年，美国已经有 2.3 万家企业使用了 EDI 标准。由此商业世界尝到了互联网技术带来的甜头，为此后他们主动全面拥抱互联网提供了一个前提，这就是人类对电子商务的第一印象。

20 世纪 60 年代，计算机和互联网技术均处在萌芽阶段，实现 EDI 标准的成本相对较高，因而在成本的压迫之下，EDI 标准的适用范围很窄，仅限于少数体量极大的企业。如此一来的直接结果是 EDI 标准虽然打开了电子商务的大门，但是未能掀起电子商务的普及浪潮。在 20 世纪 90 年代之前，电子商务更是在 EDI 标准下停滞了长达 30 年，这对于当今互联网世界瞬息万变的状态来说，几乎是不可能的存在，可以说是电子商务史上最可怕的"停滞"。

## 美国领跑全世界

1991 年，蒂姆·伯纳斯·李（Tim Bevners-Lee）研发出了浏览器以及可让用户可视化查看图片、文字乃至视频的万维网体系，将人类使用互联网的门槛下降到"小白级"。1981 年

8月12日，IBM公司推出了型号为5150的个人电脑，开启了个人电脑的普及浪潮。在万维网发明和个人电脑普及的双驱动下，互联网从实验室走进了千千万万的百姓家。束缚电子商务从EDI标准状态进一步发展的成本约束也因此而不复存在，美国基于互联网技术的商业行为迎来大喷发阶段。

1980年中期的互联网萌芽阶段，一个叫"国际邮票交易所"的产品横空出世，它让人类意识到可以在网上直接买卖产品，但由于时代的技术限制，产品被埋在了历史的长河之中，成为"牺牲"的"先锋"。国际邮票交易所虽然被时代扼杀了，但它的"星星之火"自20世纪90年代起开始"燎原"了，利用互联网买卖商品的公司如同雨后春笋一般遍地开花，它们坚定地接过了引领电子商务发展的旗帜，其中为有交易需求的用户们牵线[1]的易贝、直接面向消费者销售（Business-to-Consumer，B2C）的亚马逊是其中最耀眼的"新星"。

1994年，作为投行高级副总裁的杰夫·贝佐斯（Jeff Bezos）坐在自己的办公室里，思索着属于自己的未来商业帝国。20世纪90年代的美国正值互联网创业的"井喷期"，数不胜数的年轻人为了能够抓住互联网普及带来的福利拼命地

---

[1] 注：即Customer（Consumer）to Customer（Consumer），简称C2C。

"奔跑"。原本作为投行高级副总裁的杰夫·贝佐斯仅仅是这场"奔跑"的旁观者。但当他了解到有的互联网项目仅用 1 年就将用户猛增了 2300%（这个传统线下行业几乎不可能达到的数据）时，杰夫·贝佐斯的内心被彻底点燃了，他判断互联网将是继蒸汽、电力之后又一个足以改变全人类生活方式的存在。

纵观万年人类史，纵使有新的生活方式出现，商业行为也永远是不可或缺的存在，只不过换了一种展示方式而已。蒸汽时代我们写信"邮购"，电气时代打电话"电购"。所以杰夫·贝佐斯断定在互联网上卖东西，一定是个"金点子"。他在 1995 年选择直奔西雅图创业，在此之前他放弃了令常人羡慕的金领工作，拿着自己的商业策划书四处拉投资。在商业策划书中，杰夫·贝佐斯决定做垂直产品，至于选择什么垂直项，结合自身多年投资经验的数据分析，他得出的结果是"书"。作为人类智慧的结晶，它拥有广泛的受众基础，却并没有像沃尔玛那样的传统线下零售霸主，整个图书的售卖份额散落在全美各大地区性书店手中，罕见的全国性书店 Barnes & Noble 也仅占 10% 左右的市场份额。所以相对于百货业来说，书店业还处在诸侯争霸的年代，渴望有识之士摘取霸主王冠。

作为第一个向书店业霸主地位冲击的 Barnes & Noble（巴诺

书店），起初只是万千小书店之中的"凡夫俗子"，于 1917 年成立于纽约街头，直到 1965 年前后才完成体验式书店的变革。在这次变革中，书店不再仅仅是供读者挑选购买图书之地。Barnes & Noble 在店内装修上，构建了类似图书馆的座位体系，尝试给读者一个良好、舒适的阅读环境。同时积极与出版社、作家合作，举办大量签名活动或者阅读活动，为作家和读者搭建起沟通的桥梁，增加读者的阅读体验，让读者读得满足。

图 3-1　巴诺书店是率先引入咖啡业务的书店，此外还提供蛋糕、甜点等。这种书店作为文化休闲中心的理念，既能够吸引读者和游客，又能在盈利方面颇有助益，在国内书店的实践中已被较多地认可和效仿。（图片来源：维基百科；作者：Geographer）

正是依靠为读者带来更优质阅读环境和阅读体验的态度，Barnes & Noble 书店冲出了纽约，全国各地的分店陆续开张，并于 1993 年完成了上市，一度有一统书店业的气势。但是随着 1995 年 7 月 16 日杰夫·贝佐斯的亚马逊网站开张，Barnes & Noble 的势头被死死地压了一头。虽然 Barnes & Noble 完成了对传统书店的变革，但它并没有改变人们消费图书的方式，它扩张书店版图的行为和传统书店是同一个消费维度。而亚马逊诞生于互联网购物这种新的消费习惯之中，它与传统图书销售模式有着根本的区别，而且从 20 世纪 90 年代互联网日新月异的发展状态来看，互联网购物是一个正在日益壮大的全新消费维度。更为重要的是，杰夫·贝佐斯的亚马逊网站从一开始就学习吸取了 Barnes & Noble 最宝贵的经验——"增强用户阅读体验感"。

亚马逊成立不久便抛弃了同时期其他互联网销售网站那种仅仅把商品的图片和简介摆上去的"粗放式"销售方式，选择以网络社区的模式鼓励读者积极地在每本书的介绍下面写书评或读后感，让读者与读者之间能够进行顺畅的交流，毕竟"寻找同道中人"永远是人类社交中的关键点。随着时间的推移，亚马逊每本书下的评论成了评价一本书最接地气的标准，一时间美国社会若有人想买书，而不知道买什么的时候，往往会第一时间上亚马逊看看评论。而看评论的人多了，相应的亚马逊销售额也开始直线上升，亚马逊用社交的方式撬动了图书市场，将自己变身为图书行业黑马，成为互联网图书销售的龙头以及美国最大的书店之一。

1997 年 5 月 15 日，亚马逊凭借着极高的用户黏度，以及互联网图书销售龙头的头衔完成了上市，初始股票 18 美元，达到了与 Barnes & Noble 同台竞技的标准。同年，Barnes & Noble 旗下的网上图书销售平台 barnes and noble 上线，以大量实体店为依靠突进亚马逊的发家地——互联网。但是由于亚马逊有近 2 年的先发优势，美国民

图 3-2　美国时间 2012 年 9 月 6 日，亚马逊首席执行官杰夫·贝佐斯发布了新款平板电脑：升级版 Kindle Fire 和 Kindle Fire HD。这款 Kindle Fire HD 拥有 7 英寸与 8.9 英寸两种尺寸，给用户提供了更多选择。7 英寸 Kindle Fire HD 采用 1280x800 分辨率的屏幕，搭载了 1.2GHz 双核德仪 OMAP 4460 处理器，运行内存升级至 1G，性能大大提升。

众已经养成亚马逊即是互联网购书的认知，当 barnes and noble 上线，其消费模式仅仅表现为第二个亚马逊时，并没有诱发互联网用户产生改变自己消费习惯的动力，因而 Barnes & Noble 并没有从亚马逊手中抢下一丝的市场份额，仅仅是保住自己的用户不流失于亚马逊。

　　亚马逊在 5 月 15 日上市之后，开始了自我革新，最大限度利用用户在亚马逊买图书养成的互联网消费习惯，推出了一系列除图书之外的商品品类，由此开始转型成互联网百货零售店。功夫不负有心人，因为亚马逊在图书售卖时提供的优良消

费体验，大批用户选择了进一步信任亚马逊，直接促使亚马逊的全品类商品销售业绩直线上升。据不完全统计，1998 年亚马逊的业绩高达 54 亿美元，而当时整个美国线上商品的总销售额才 78 亿美元，如此一来，亚马逊以近 70% 的份额，毫无悬念地成为互联网零售领域的龙头。从历史经验来看，一个新兴行业的龙头诞生，往往意味着一个商业巨人正在快速成长，所以大量投资者开始抢购亚马逊的股票。截至 1998 年 11 月，亚马逊突破百亿级市值，和当时风头正盛的雅虎一样被称为"互联网行业的金砖"，成为近代电子商务发展的尖兵。而就在亚马逊用社区化的网上商城模式博取社会认同之时，易贝网以强调人人都能买卖，平台仅是工具方的"集市"模式，以不亚于亚马逊的生长速度，为近代电子商务的繁荣添砖加瓦。

图 3-3　亚马逊实体书店内部。亚马逊从 2015 年开始在西雅图大学村开设了图书实体店 Amazon Books；2016 年在西雅图开设了第一家杂货店 Amazon Go；2018 年在纽约曼哈顿开设了四星实体店 Amazon 4 - star。

传统的商业模式中，市场往往是由在繁华街道坐拥门店的商店，和门店不固定、售卖者不定且自发性强的小市集组成。商店往往明码标价,而小市集则可以热热闹闹地讨价还价。由于商店提供安全的售后保障,所以始终是传统产品销售的主战场;相对地,流动性极大的小市集则沦为一种不怎么重要的商业补充活动。所以,当 20 世纪 90 年代互联网成为人类新生活方式的趋势明朗之后,包括亚马逊创始人杰夫·贝佐斯在内,大批创业者都选择从商店模式下手,而忽视了小市集模式的商业价值。而在加利福尼亚州某个角落里,一名叫皮埃尔·奥米迪亚(Pierre Omidyar)的程序员看到了"金光闪闪"的小集市,并坚定地认为既然该商业行为可以在人类漫长历史中存在千万年之久,一定是满足了人们不可或缺的需要,所以值得将其搬上互联网,使之在人类新的生活方式中找到合适位置。

1995 年 9 月的某日,奥米迪亚借着女友想收集 PEZ 糖盒的契机,为女友量身打造了一个收藏爱好者交流以及交易的拍卖网站。该网站如同一个小街道一样,人人都可以在上面售卖自己的收藏,相对地,他们也可以在上面选购其他用户的售卖品。作为网站方,他仅仅是提供了一个能够在互联网上互相交流的工具。

PEZ 最早是由奥地利商人爱德华·哈斯三世(Edward Haas Ⅲ)在 1927 年推出的成人口香糖,1949 年的时候借助西欧掀起的反吸烟运动，配上自身奇异的类打火机设计的外形，成为当时西欧家喻户晓的时尚配件。1952 年，PEZ 在美国开售，在这里它做了定义性的改变，即回归糖果的初心，将 PEZ 的消费群体选择为小孩，且为了能够有足够的吸引力，PEZ 选择与各大动漫 IP 人物合作开发包装盒，一时间成为 20 世纪 50 年代的小孩们抢购的潮流玩具。而当这群小孩逐渐长大，作为他们童年回忆的 PEZ 又掀起了收藏热，大家都以能收藏最全的 PEZ 包装盒为荣。目前可核查的数据中，在收藏界已成交的最贵 PEZ 包装盒是一个米老鼠包装，交易额为 7000 美元。

奥米迪亚的拍卖网站创办初心是提供交流服务，带有强烈的工具性质，没有任何物流和库存压力，因而拍卖网从创办初期就能盈利。那时在拍卖网上买东西不用付费，但要是卖东西，拍卖网就会从交易额里面抽取一部分的工具使用费。譬如，一个商品在拍卖网的成交价为 500 美元，买方可以只付 500 美元，而卖方在结算的时候则可能只拿得到 490 美元左右。与此同时，由于抓住了收藏爱好者的需求点，以及网络集市模式提供的零门槛参与形式，拍卖网的用户开始持续飙升。当时奥米迪亚还在为 1996 年全年举行了 25 万次拍卖而兴奋，没想到在 1997 年，仅 1 月份就举行了 200 万次拍卖，拍卖网在 1997 年成为互联网产品世界最耀眼的黑马之一。同年，拍卖网正式更名为"易贝"，为了能够快速塑造产品在互联网世界独有的标签，奥米迪亚重金请来了迪士尼前行销副总裁梅格·惠特曼（Mog Whitman）当自己的 CEO。然而，由于早期产品在互联网上销售所产生的交易规模远不如大的卖场，梅格·惠特曼最初拒绝入职易贝网，且说了一句非常伤人的话：我不知道有个易贝网。但是奥米迪亚并没有就此气馁，他拿出了三顾茅庐的风度数次去登门拜访。

20 世纪 80 年代，梅格·惠特曼在迪士尼任职期间，依靠准确抓住用户收藏记忆的心理，以"一己之力"开辟了迪士尼目前最主要收入来源——"主题商品"的海外市场，其对于消费者的心态把握可谓炉火纯青，而这对于目标用户为深度收藏爱好者的易贝网来说可谓是完美契合。

1998 年 3 月，梅格·惠特曼被奥米迪亚三顾茅庐的诚意所打动，加入了那时还不怎么起眼的易贝网。入职之时，易贝网仅有 50 名员工、100 万活跃会员。9 月 21 日，梅格·惠特曼依靠着对百万会员的深入挖掘将易贝网送上市。由于 1997 年，亚马逊上市后保持着快速蹿升的强劲势头，美国投资者对电子商务的模式已经普遍接受和看中，且易贝网给出了一种区别于亚马逊的全新互联网销售模式，服务人群也区别于亚马逊，二者不会过早地发生冲突，所以大批投资者的资金涌入了易贝网。1998 年，易贝网第三季度的市值才 18.1 亿美元，到了 1999 年第一季度，市值就猛蹿到了 166 亿美元，变为原来的 9 倍多。易贝网由此瞬间跻身进入顶级的互联网产品公司的阵营，成为继亚马逊之后美国电子商务大发展的排头兵，而它们二者的成功随着各自逐渐开展的国际业务，掀起了全球电子商务的热潮。

电子商务茁壮发展的同时，各国政府对于电子商务也给出了足够的包容、鼓励和支持，其中美国喊出了"电子商务发展是未来"的口号。1996 年 12 月，联合国国际贸易法委员会第 85 次全体大会通过了《电子商务示范法》，美国随即在 1997 年 7 月跟进了一个《全球电子商务政策框架》，并在它的积极主持下，1998 年 5 月世贸组织在第二次部长级会议上正式通过了《全球电子商务宣言》，①由此标志着电子商务作为一种商业行为被主要资本市场认同。

## 中国后来居上

中国电子商务的发展起点，除了跟美国一样有着 EDI 标准

---

① 李晓东. 全球电子商务发展历程. 人民论坛. 2000.5.

时代的停滞期外，最大的区别是中国除了亚马逊模式的 B2C、易贝网方式的 C2C，还有第三种撬动电子商务的模式，即商家跟商家(Business-to-Business，B2B)的交易与交流，且这种模式很长一段时间里是中国电子商务的主力。

中国经济在 20 世纪 80 年代借着改革开放的东风腾飞，国民进入脱贫致富的阶段，此时互联网虽然在国家的支持下于全国逐渐铺开，但是作为互联网物理终端的计算机，由于其高昂的价格对于那时的普通老百姓来说是"天价"，因而在很长一段时间里，中国互联网用户除了相关科研人员，最多的使用群体都是企业这个广义上的"商店"。因此，帮助企业与企业之间在互联网上做生意，成为中国电子商务先驱们的第一选择方案，阿里巴巴和慧聪网是其中最具标志性的互联网企业。

1999 年 3 月，作为中国外经贸部负责构建中国国际电子商务中心的主要负责人马云做了人生中最重要的决定：放弃自己在国家级单位这份光鲜的公职，回到老家杭州创业。他用 50 万元人民币的初始资金建立了一家名为"阿里巴巴"的公司，打造了 B2B 网站"阿里巴巴"。凭借着马云在中国外经贸部工作的经验，阿里巴巴从一诞生就充满了国际范，拥有英文和中文两个版本的网站，且其主要的目的也是让国外的企业能够更好地发掘中国的产品，中国企业能把自己的产品更好地卖到国外。也正因这股国际范，再加上中国在 20 世纪 90 年代末加快了改革开放的步伐，马云在 2000 年 1 月前后两次从包括日本软银在内的投资机构手中拿到了 2500 万美元。借着这笔资金，阿里巴巴进入了第一次快速发展期，大批量的海外办事处如同雨后春笋般遍地开花。那时马云不再满足于只服务中国企业，他想建立全球 B2B 商业帝国。然而不幸的是，2000 年为互联网泡沫破灭的一年，阿里巴巴使劲烧钱扩张的同时，由于全球绝大多数互联网企业都没能盈利，以美国为代表的全球资本开始对互联网企业"生疑"，担心互联网的红利是个没有商业价值的伪需求，纷纷收紧了投资的口袋。正因这个收紧，阿里巴巴在 2001 年被告知不尽快盈利，将没有下轮的投资，此时马云手中仅剩 700 万美元。

2001 年，为了应对可能的资金缺口，马云对阿里巴巴做了战略防御的部署，将主要业务精力收缩回中国，计划先全力消化中国市场，然后再立足中国走向世界。与此同时，阿里巴巴还进行了开源节流，大批量委婉辞退暂时不需要的员工，使阿里巴巴在没有稳固收益点前进行低消耗运行，为公司延长存续时间。在公司业务随时都可能垮掉的压力下，依靠员工和老板不愿就这样完蛋的拼命劲，阿里巴巴奇迹般地开始稳步上升。

当时马云发现中国中小企业交易中最无奈的痛点，即互相之间建立信任的时间成本高，所以为了打破这个屏障，阿里巴巴在2002年3月推出"诚信通"服务，以阿里巴巴这个平台背书，建立一个可视化的诚信体系。有了这个体系加持的企业，在阿里巴巴发布资讯之时，网页显示的顺序将优先显示普通企业，而要想加入这个体系需要给阿里巴巴交服务费，因而整个2002年阿里巴巴的所有员工都在围绕怎么推广"诚信通"而呕心沥血。

功夫不负有心人。2002年12月，阿里巴巴有了首次盈利，它标志着阿里巴巴走出低谷期，还因祸得福获得了较高的B2B市场份额。2002年、2003年之间的那场由股市引起的资金寒冬，让它的同行对手基本消失殆尽。然而这只是阿里巴巴荆棘之路的开端，在国内以传统报业杂志为根基的慧聪网也活过了寒冬，且对阿里巴巴进行了猛烈的冲击，各路媒体一度喊出了"北慧聪，南阿里"的口号。而在国外，美国最大的C2C电子商务网站易贝网也露出了要进军B2B领域的决心，开始在全球大肆收购类似阿里的网站。截至2004年，易贝网将自身B2B的交易额占比提到了5%。此时的阿里巴巴从商业局势来看可谓是"内忧外患"，然而马云没有气馁，他坚定地将自己的未来押在刚刚起步的C2C模式网站"淘宝网"上，变道冲击易贝控股的 C2C 网站易趣，试图来个"围魏救赵"。

1999 年，邵亦波自哈佛商学院 MBA 毕业，并成功拿到了在波士顿咨询集团继续工作的机会。按照既定模式，他可以轻松成为美国最顶层的商业精英，并顺利拿到美国绿卡，过上富裕的生活。但是邵亦波打破了常规，他捕捉到了伴随中国经济腾飞，中国互联网将遍地是黄金的机会，毅然放弃高薪，选择了回国创业，并主动拉拢自己的 MBA 同学谭海音入伙。那时谭海音已经拿到了起薪足有 10 万美元的美林银行投资银行部的工作，当邵亦波完整阐述了自己的创业计划之后，谭海音凭借由 MBA 学习锻炼而来的锐利眼光，也意识到了回中国或许是个机会。

1999 年 8 月 18 日，在两人的主持下，中国直接克隆美国 eBay 网电子商务模式的易趣网上线了。易趣网鼓励中国的收藏者们在网站上进行拍卖交易，然后抽取固定比例成交额的服务费。邵亦波和谭海音均有着多年美国生活经验，并且他们几乎是完整经历易贝网从名不见经传到创造股市奇迹的人，加上他们上学时的课业就是研究其他企业的成长轨迹，进而找出一条可以将之化为己用的路，所以易趣网上线之后便是一个相当成熟的商业完整体，它把易贝网几乎所有优势都集于一身。相对于其他还处于探索期的同类型网站来说，易趣网可以说是当时最"完美"的存在。

2000 年开始，易趣网的用户开始持续上升，但美国互联网泡沫破裂给了它当头一棒。跟 1995 年起家的易贝网一样，依靠着作为工具性服务平台的商业模式，易趣网在泡沫之中并没有很难受。当众多互联网同行都收缩业务开源节流之时，易趣网毅然推出了网上开店业务，鼓励拍卖者成为固定的"小商贩"。

基于工具性思维，易趣网将新业务的本质定位成了促成交易的收费工具，并于 2001 年 7 月开始对卖家拍卖商品进行收费。依靠这项收费，易趣网率先摆脱互联网泡沫破灭所带来的阴影，实现了自身的快速成长。它于 2002 年拿到了易贝网3000 万美元的投资，彻底解决了"生死两茫茫"的生存问题。虽然依靠易贝网的资金，易趣网走出了互联网泡沫，但是易趣网自此之后越来越像易贝网了，基于本土习惯的一些服务体验和设置开始被逐渐替代。2003 年 6 月，易贝网以 1.5 亿美元完全控股了易趣，将其彻底作为自己在中国的影子。

在国际大品牌易贝网的加持下，易趣在被收购的初期确实保持着强劲的冲力，截至 2004 年第二季度，累计用户达到 690万名，仅二季度新增用户就高达 140 万名，新增商品总数达到420 万件，比前一个季度增长 35％，占据 C2C 市场 90％的份额。但是就在易趣网春风得意的时候，中国市场 B2B 巨头阿里巴巴于 2003 年建立了淘宝网。该网站打着"让中国人做生意不再难"的口号对标了易趣网个人开店的业务。起初，该网站很长一段时间都处于不温不火的冷启动状态，但当易贝网在 B2B 领域不停地扩张，让阿里巴巴面临着被取代的风险时，阿里巴巴决定在 2004 年反击。同年 2 月，阿里巴巴拿到 8200 万美元的融资，为它的反击备足了"弹药"。至于怎么反击？ 马云选择不将希望全部押在 B2B 业务上，而是执行"围魏救赵"的战略，全力发展淘宝网的 C2C 业务，而他祭出的最大杀器即"免费"。放弃对商家和用户的交易行为收费，转而将淘宝网改装成一个广告平台，卖广告服务，即谁出的钱多，就可以人工为它获取在淘宝产品列表处靠前的排名。这个被称为竞价排名的方式助力中国本土搜索引擎百度摆脱了经济泡沫，被验证为可行的盈利模式。所以当淘宝一推出这项服务之后，立即获取了大批量的收入。

用户在网上开店的根本目的是赚钱，因而谁能让他们赚更多的钱，他们就用谁的服务。在这种心理的作用之下，易趣网和淘宝争斗的结果显而易见，披着免费外衣的软性竞价收费战胜了交易收费。就在 2005 年，易贝网结盟香港环球资源，试图以此为契机进军中国内陆 B2B 市场之时，它在大陆的触角易趣网已经全线崩溃，从曾经的 C2C 霸主沦为了可有可无的边缘产品。阿里巴巴在 B2B、C2C"双引擎"的作用下，在中国大陆建立起了自己在电子商务领域的铜墙铁壁，易贝网丧失了突击机会。至于叫板阿里巴巴的慧聪网，则随着淘宝的崛起而逐渐退出人们的视野，它的失败原因并不是自己出现了重大的失误，而是阿里巴巴跑得太快了。虽然阿里巴巴在 B2B、C2C 领域取得了漂亮的战绩，却并没有因此而停下脚步，它又盯上了电子商务领域最古老的模式 B2C。2008 年，淘宝商城正式上线，而那时的 B2C 市场也早已杀得血肉模糊，其中角逐最为激烈的要数 1999 年创办的当当网和 2000 年上线的卓越网。

1989 年，作为北京大学社会学系高才生的李国庆，瞄准改革开放的东风，毅然下海建立了北京科文经贸总公司进行图书销售，并成功捞得了第一桶金，成为他人眼中的成功老板。然而，当看到身边人扩充财富的速度比自己快许多时，李国庆心里慌了。他不甘心当一个小老板度过余生，于是四处寻找商机，直到 1996 年遇到他后来的妻子俞渝。俞渝为他带来了一个叫互联网的新事物，二人在对互联网进行仔细地剖析后，认为这是未来的主流消费方式。于是在 1999 年 11 月，李国庆、俞渝二人依靠自身在图书行业经营多年的渠道人脉，在互联网上效仿亚马逊开了一个叫"当当"的网上商城。由于李国庆原公司科文经贸可以提供大量优质的进货渠道，因而当当商城的图书售价要低于绝大多数线下书店以及网上商城，也正因为便宜，当当网的用户群体在 2000 年开始快速攀升，从当时遍地开花的网上书城中脱颖而出。2000 年，互联网泡沫破裂，造成投资资本收紧，但当当网硬是在 2000 年 4 月拿下了 800 万美元的投资，同时依靠原有线下业务科文经贸的反哺，当当网轻松走过了互联网寒冬，在 2003 年做到了盈亏平衡。2004 年，美国最大的 B2C 公司亚马逊计划进军中国大陆市场，它的目标是当时风头最盛的当当网以及稍有落后的卓越网。

卓越网成立于 2000 年 1 月，从当时的杀毒软件霸主金山软件的线上销售平台演变而来。其正式脱离金山成为独立个体之时，还吸纳了联想资金，可见卓越从诞生之初就含着金汤匙。但是由于当当网占据了先发优势，不管卓越怎样拼命打广告，在消费模式类似的现状下始终没有找出让用户抛弃当当选择卓越的理由，因而一直停留在"万年老二"的尴尬状态。

2004 年，亚马逊以自己国际大公司的姿态强势要求大股比"入股"当当网，而李国庆夫妇不愿自己"呕心沥血"缔造的当当网就这样拱手让人，明确拒绝了亚马逊的入股，选择跟其江湖再见。这个选择从资本的角度来说需要极大的胆识，当时亚马逊开出的报价是 1.5 亿 ~2 亿美元，而当当一整年的销售额才1亿元人民币。而卓越网由于始终无法突破当当网这座大山，出于借助亚马逊的国际背书，完成强势赶上目标的考虑，它接受了亚马逊全资收购的提议。再后来就是我们熟悉的当当力战亚马逊了。此战在2005年有了结果，2005年1月，当当上线百货频道全线迎战亚马逊。由于当当立足本土更能抓住用户想要的东西，当2005年12月中国互联网产业调查公布之时，在B2C领域当当网遥遥领先亚马逊。然而遗憾的是，当当网刚战胜了外来者亚马逊，转身就被国内的后来者马云、刘强东给拉下了马。

2008年，淘宝商城正式上线，依靠着阿里巴巴和淘宝网的强势导流，淘宝商城转瞬间就完成了当当网近10年的流量积累。马云用"渠道"为王的概念，硬生生地把当当网拉下了B2C老大的宝座。2012年1月11日，淘宝商城更名为"天猫商城"。同年10月30日，当当网进驻天猫，标志着其正式沦为电子商务的第二梯队，马云的阿里巴巴完成了在B2C、B2B、C2C的全线称霸。

2004年1月1日，一个叫刘强东的男人借着淘宝无法控制产品质量的弱点，以卖正品的口号开了一家只做自营3C电子产品的京东多媒体网。由于刘强东选择的领域够细，很长一段时间里京东并未参与B2C市场的厮杀，甚至被市场所遗忘。直

111

到 2007 年，刘强东将网站更名为"京东商城"，铺开全商品类别的售卖，刘强东和马云的战斗才真正拉开序幕。

大战开始之后，京东网以自营建立起来的"卖正品"口号愈发显得不够有竞争力，当时阿里巴巴的天猫商城已经成型，正品率不比京东网差丝毫。如此一来，为了让京东网活下去，刘强东必须再次找到突破口，而上天也确实眷顾了他，刘强东看到了阿里巴巴物流的短板。阿里巴巴建立初期，下属网站的送货依托的都是像圆通、申通这类第三方物流平台，所以用户在网上消费后需等待很久才能拿到商品，"埋怨快递不够快"成了用户互联网购物的一个新生"漏洞"。为了解决这个漏洞，使自己在阿里巴巴的"拦截"下绝地求生，京东利用自己大量产品均自营所带来的"产品主导权"优势，开始在北京、上海、广州构建了三大物流体系，让用户从下单到拿货的时间无限缩短到接近 1 天。

京东靠着修补用户在天猫、淘宝上的漏洞，在巨头阿里巴巴的夹缝中生存了下来。2009 年 3 月，京东的月销售额突破 2 亿元，稳坐电子商务第二的地位。然而就在京东、阿里巴巴鏖战不止的时候，做品牌特卖的唯品会、拼团消费的拼多多等放大单一垂直需求的电子商务平台开始紧追不舍。其中，2015 年 9 月上线的拼多多利用社交网络霸主级产品微信的流量扶持，用"拼在一起买,更便宜"的消费模式,将线下商业中熟人带动消费的模式复刻到了电子商务中,并于 2018 年取得 3 年用户破 3 亿人的傲人成绩。截至 2019 年 6 月 3 日,拼多多已经以 224.13 亿美元的市值紧追京东 375.63 亿美元市值的成绩,成为中国电子商务三巨头之一。

中国国际电子商务中心研究院公布的《2017 年世界电子商务报告》显示,全球网络零售交易额达 2.304 万亿美元,占全球零售总额的比重达到了 10.2%。而这正是以阿里巴巴、京东、拼多多、亚马逊、易贝网为代表的众多电子商务弄潮儿们相互竞争、相互促进所带来的"繁荣结果"。

一个网页购尽天下物,人类的商业体验从未如此便捷过。

## 社交:人和人从未如此紧密

社会是人的社会,人是社会的人,社交为人类必不可少的需求,是人类获取或处理信息的最主要手段。人类渴望认识更多人,知道更多的事,且二者的获取效率要高。

认识"更多",知道"更多",效率"要高",即需要增强人类自身的信息处理能力,而这项能力往往是间接推进人类进化与文明发展的核心推进器。人类语言的出现,让人可以进行实时的社交，拥有了实时协同配合捕杀猎物的能力；文字的创造则打破了实时社交的壁垒，将社交不再限于时间与空间，人类可以对话未来以及千里之外的"他"，使人类文明有了传承不息的载体。从语言、文字的相继出现可见，人类无时无刻不在追求更高效的社交方式，进而增强自身的信息处理能力，让自身更加优秀。

在 20 世纪 60 年代搭建的互联网的本质，即带有提高资源交流效率的社交目的，所以互联网起点即是社交，只不过初始的它，在社交受众人群上仅限于人类最顶尖的那批科学家们。直到 20 世纪 70 年代互联网技术逐渐推广到民用，互联网上相继出现了以 BBS、邮箱为代表的第一代存在于民用社会的网络社交形式。

1971 年，美国工程师雷·汤姆林森（Ray Tomlinson）出于解决不同计算机进行交换数据时，双方必须时刻保持连接状态的局限，参考传统邮政系统的思路，架构出了一个被称为"邮箱服务器"(Mailbox Server)的系统，该系统可以被称为"网上邮电局"。在该系统中，计算机进行数据交流时，不管是发送数据，还是接收数据，均是在"邮箱服务器"进行。简而言之，数据传输时，传输人先把文件传送至发送端的邮箱服务器，然后再由邮箱服务器传输到接收端的邮箱服务器，最后接收人再到接收端服务器提取文件。由于服务器是互联网架构的基础硬件，往往是 24 小时运行，所以传输数据的时候只要完成了上传到邮箱服务器的步骤，就算上传数据的电脑处于关机状态，数据依旧能够完整到达对应的接收端邮箱服务器，接收人可以在任何时间段、任何一台计算机登录服务器接收数据。为了能够让邮箱服务器之间可以互相找到彼此，雷·汤姆林森参考计算机找到彼此 IP 地址的设置，定义了一个邮箱地址规则，以"@"代表邮箱属性，"@"的前缀为用户自己在邮箱服务器里的识别名称，"@"的后缀则为邮箱服务器在互联网上的门牌号，它可以是域名也可以是 IP 地址。

邮箱的出现将互联网社交从打破空间的实时交流，突破到打破时间的自由交流。在个人计算机连接网络的成本居高不下的 20 世纪七八十年代，邮箱成为科研机构进行点对点的交流时，数据传递或者说是网络社交的最主要手段，美国《Darwin》杂志甚至认为"电子邮件的发明毫不逊色于电话的发明"。1987 年 9 月 20 日，中国在互联网踏出的第一步，向全世界发出"穿越长城，走向世界"的"呐喊声"，使用的即是邮箱形式。

在我们现实的生活中除了点对点的社交，还有必不可少的点对多的社交，譬如线下的各式公示牌，人们可以通过它们将自己的消息传达给多个个体接收。

1978 年，被称为"网络公示牌"的 CBBS 系统在美国芝加哥诞生，该软件可以在计算机中生成类似网页的界面，再将计算机搭配一种能将计算机的数据翻译成电话线传输格式的调制解调器，即可实现用电话线访问该界面，并在界面上发布文字。起初，这种形式往往会被用在股票的变动展示界面上，不同计算机实时更新数据，将信息传送给更多人。此后，类 CBBS 的系统均被称为 BBS 系统。

1981 年，IBM 公司个人计算机大卖，为了满足普通用户能够互相交流的需要，IBM 研发了一种被称为"RBBS-PC"的 BBS 系统，个人计算机用户不但可以建设 BBS 界面，还能邀约其他朋友访问自己的界面，并在界面中发布信息。由于发布的信息是实时显示在界面上的，计算机爱好者很快就发现了该系统的另一妙用，即进行聊天社交。当多个计算机都连接在一个 BBS 界面上时，用户不但可以进行点对点的交流，还能多人群聊。由于电话线的传输功率不高，BBS 系统下的界面往往只能承受 100 人以内的同时访问。

在中国，当 20 世纪 90 年代大功率的互联网基础设施逐步完成搭建，使数据传输效率直线上升时，中国的互联网进入了以网页为中心的万维网时代。在万维网时代，用户可以用浏览器访问一种被称为"网页"的事物,网页上不但有文字,还有图片、视频的展示。仅依靠文字传输的早期 BBS 系统聊天界面在技术进步的冲击下,渐渐地消失在了历史长河中。但 BBS 这种类型的聊天形式则流传了下来,BBS 在万维网时代被定义成"网络社区",拥有聊天室和论坛两个派别,成为如今互联网产品中最常见的产品表现类型。

## 让沟通更加高效

20 世纪 90 年代,邮箱依靠互联网普及带来的红利,成为人们生活中不可或缺的点对点社交工具,但随着人类社会在互联网技术的加持之下节奏越来越快,人们在进行点对点实时社交之时,开始渴望将邮箱的形式简化,抛弃那个打开以及关闭的烦琐过程。俗话说:"哪里有需求,哪里就有创造。"1996年 7 月,以色列的维斯格、瓦迪和高德芬格决定研发一种简化版的邮箱系统,使用者输入的每一个字都会即时显示在双方的计算机屏幕上。

1996 年 7 月,维斯格、瓦迪和高德芬格联合创办了Mirabilis 软件公司,将简化版邮箱的想法产品化了,产品的名字很有青涩恋爱的味道,叫"我在找你"(I Seek You,缩写为 ICQ），它是全世界第一款即时通信工具。由于 ICQ 即时显示交流文字，把以邮箱为主体的互联网社交所面临的时效性壁垒给打破了，因而极大地提高了人们在特定场景的社交效率，一时间 ICQ 作为互联网工具性产品席卷了全球。据不完全统计，截至 1997 年 5 月，ICQ 坐拥近 100 万用户，并且用户数还在持续上升。当用户数在 1998 年飙升至 1000 万时，美国互联网门户网站界大佬美国在线看中了 ICQ 的发展潜力，从以色列小伙子手中以 4.07 亿美元的价格买了下来。而就在 ICQ 掀起席卷全球的即时通信风暴之时，1999 年中国一家名不见经传的软件公司"深圳市腾讯计算机系统有限公司"将其完美地复制了，取名叫"OICQ"，意思为开放的 ICQ。

腾讯公司注册于 1998 年 11 月 11 日，由知名的 BBS 惠多网深圳站站长马化腾，拉拢深圳大学的计算机天才张志东一起创办，最早的业务是寻呼系统，让信息通过无线电波在电脑之间进行联系。但作为中国最早网络"弄潮儿"的马化腾并没把业务死死地停留在这上面，1999 年 2 月他推出了 OICQ，作为自身为企业提供计算机互联的解决方案之一，然而出乎马化腾意料的是，就是这个"之一"，让他走上了人生巅峰。

OICQ 出现之前，中国文字版的点对点交流往往是在短信上进行，但由于发送短信会被移动运营商按条收费，OICQ 这种只要有根网线就能无限发送信息的软件,与之相比要物美价廉很多。加之马化腾对 OICQ 进行了精细的本土化改造,在界面的操作细节上解决了自身团队在使用 ICQ 之后遇到的所有因中外文化差异而造成的使用习惯。在"免费短信"的口号下,搭配上更加符合中国人使用习惯的界面,OICQ 很快就完成了对 ICQ 产品的超越,OICQ 发布当年的 11 月用户就达到了 100 万。

2000 年,ICQ 备足"弹药",准备以国际大公司的姿态收割中国大陆市场时,OICQ 已经基本奠定了自己在国产即时通信领域的霸主地位。对于 OICQ 的成功,那时的 ICQ 决策层认为很大程度上是因为 OICQ 以"类名"的方式"吸取"了 ICQ 的品牌效应,所以 ICQ 的母公司美国在线对尚处于萌芽阶段的腾讯发出了律师函,明确强调 OICQ 侵犯 ICQ 的商标,勒令其必须改正,否则法院见。

美国在线是美国顶级的门户网站,作为小公司的腾讯要是走上法庭,跟其硬碰硬地打官司,输的概率极大。毕竟 OICQ 的初级阶段确实是在模仿 ICQ。所以为了能够活下去,马化腾选择了退一步海阔天空,他将 OICQ 正式更名为"QQ"。然而 OICQ 以及其继承者 QQ 之所以能够成功,借用 ICQ 的名声只是其中很小一部分的原因,毕竟除了海外留学生和相关科研人员,在 ICQ 进入中国市场前,绝大多数的中国即时通信用户完全不知道它是何物，他们的认知中是各式各样让人眼花缭乱的国产版即时通信软件，而腾讯公司的 OICQ 是其中体验效果最好的。要说原因，腾讯作为一个创业公司，当 2000 年 ICQ 和 QQ 正式进行你死我活的决斗之时，虽然它没有美国在线庞大的决策流程，可 ICQ 在开发基础功能时，完全不遵循中国人心理以及使用习惯。ICQ 早期为了保护用户的隐私，以及降低软件服务器的压力，在储存用户资料时往往将其加载到了用户端的计算机。如此做虽然达到了"保护隐私""减少服务器压力"的目的，却带来了无比糟糕的用户体验。ICQ 用户一旦更换了计算机进行登录，其 ICQ 账号上包括聊天记录、好友列表等资料就会荡然无存。

QQ 则完美解决了这个问题，他将用户信息储存在自己的云端服务器，用户每次登录 QQ 的行为，仅属于读取云端服务器的信息，即用户的信息与所用 QQ 账号对应，而非用户所使用的硬件计算机。所以用户更换使用终端之后，只要再次登录同一个 QQ 账号，它的 QQ 好友以及一定时间内的聊天记录都将立即展示出来。正当 ICQ 内部紧张讨论要不要跟进 QQ 将资料储存云端之时，QQ 基于用户信息储存在云端的前提，破解了即时通信的"世纪难题"——用 ICQ 及其同类产品进行社交聊天时，必须双方都保持在线状态。

　　不同的 QQ 用户进行信息交流的时候，虽然用户是用计算机终端进行交流，但是整个交流的过程几乎都是在腾讯提供的云端服务器上完成，实现的方式与电子邮箱类似。当一个在线 QQ 用户给离线 QQ 用户发送消息的时候，数据会自动传输到离线 QQ 账户名下位于腾讯云端服务器的"私人空间"。只要离线 QQ 一登录，在 QQ 的作用下数据就会自动从"私人空间"下载到离线 QQ 上线的计算机展示出来。

　　2005 年，QQ 在"校内网"①引进社交网络这种形式的时候，跟进上线了基于 QQ 用户基数的社交网络平台 QQ 空间，QQ 用户可以以博客的方式分享自己的生活，而他的 QQ 好友又能即时查看到他的分享。如此一来，QQ 通过即时通信加社交网络的方式，缔造了以即时通信工具 QQ 为中心的 QQ 网络社交体系。

　　借助符合中国用户使用习惯的功能开发以及 QQ 空间带来的社交网络加分，很快 QQ 和 ICQ 的厮杀就有了结果：截至 2009 年，QQ 在即时通信领域的占有率高达 70%，几乎成了中国网民的日常工具，达到了垄断的地位。而随着这一垄断地位的确立，中国形成了基于即时通信的网络社交方式。

---

①　中国知名的实名制 SNS 社交平台，2009 年更名为"人人网"。

## 降低社交成本

你和任何一个陌生人之间所间隔的人不会超过六个，也就是说，最多通过六个人你就能够认识一个陌生人。1967年，哈佛大学心理学教授提出了被称为"六度分隔理论"的概念，将人的关系构成数据化了，一度掀起了主动认识陌生人的浪潮。但在交流只能靠电话和写信的年代，去认识尽可能多的陌生人，扩大自己交际圈的成本太高了，所以"六度分隔理论"很长一段时间都只是停于心理学家的"学术高阁"之中，直到21世纪互联网开始走进千家万户。

在搜索、购物、即时通信的铺垫之下，人们已经学会了如何利用互联网提高自己工作和生活的效率，"六度分隔理论"所需的时间和空间成本开始迅速下降，基于该理论建立社交网络成为可能。目前可追溯的最早社交网络源于2002年，它的初衷极具善意。那时美国刚经历"9·11"事件，全国人民都陷入了一种被攻击的恐惧之中，越来越多的人选择将自己关在家里。为了改善这种无奈，斯科特·埃费尔曼和亚当·塞法于2002年5月共同创建了一个名叫"Fotolog"的网站。

孤僻且依靠上网消磨时间的人们可以通过这个网站加入以

兴趣标签为基础的各类兴趣小组页，在那里人们可以通过交心聊天，打开自己的心扉，在"勇于把话说出去"的调理下，达到走出孤独的目的。也正因网站的初衷是做慈善，Fotolog 早期并没有进行大规模的市场宣传，因而虽然它抢占了社交网络的先手，但是并没有在互联网的风口下成长起来。2002 年，一款叫"friendster"的网站后来居上，并在 2003 年掀起了首次社交网络的热潮。该网站一出手就将愿景说得很美好——帮助人们与朋友保持联系以及发现新的对他们非常重要的人和事。他们计划将线下的社交圈搬到网络上来，让互联网作为个人用户发展规划中心，以及延展日常朋友圈最重要的工具。由于通过该网站找到失联已久朋友的用户越来越多，在持续的好口碑传播下，friendster 的用户数量开始急剧上升。据不完全统计，2003 年用户规模就已达到 800 万，并以每分钟约 20 个用户的速度快速爬升，以至于用户所产生的庞大数据量在 2004 年一度将 friendster 的服务器挤爆，造成网页的运行速度长期处于缓慢的状态。而就在 friendster 春风得意之时，它的宿敌Myspace 于 2003 年 7 月横空出世。

friendster 建立的初衷是为人们提供一个在网上扩展朋友圈的平台，平台上每一个人都是平等的，不管你是大明星还是普通用户，你都只是 friendster 这个社交工具的使用者而已。

Myspace 则不同，它认为过度的平等并不能真实反映现实的社交状态，强调社交中原本就是分"三六九等"的，所以 Myspace 产品上市之后，立马打"明星"牌，利用明星带来用户，然后再用庞大用户群自造草根明星，给所有人一个成为明星的机会。由于明星在人们传统意识中都是高高在上的存在，是存在于荧屏之中、可看而不可触摸的"神人"，所以当明星使用 Myspace 跟粉丝沟通时，狂热的明星粉丝们开始疯狂地涌入 Myspace，只求能够与自己喜爱的明星有一次美好的邂逅。如此一来，依靠着强调"重点"，Myspace 成功完成了对 friendster 先发优势的直追。与此同时，friendster "祸不单行"，自 2004 年开始爆发服务器宕机危机之后，始终无法找到根本的解决办法，慢慢地用户的耐心被消磨殆尽，使其转战原本就很"同质化"的 Myspace。依靠自身在塑造明星上的成功，以及 friendster 自身无法解决卡顿的硬伤问题，Myspace 逐渐完成了对 friendster 的弯道超车。

2005 年，美国最大的媒体公司新闻集团看中了 Myspace 急速增长的用户量，决定将其作为自身在网络上的第一延展出口，为此在 2005 年 7 月不惜花费 5.8 亿美元将 Myspace 收购。这次收购对于 Myspace 产品本身来说是一次非常优秀的强强结合，依托新闻集团高公信力的品牌背书以及丰富的媒体资源对接，在 2006 年年底统计中，Myspace 的用户达到 5580 万，成为社交网络产品中当之无愧的霸主，媲美谷歌、雅虎的现象级互联网产品。

互联网产品的比赛是永无止境的，只有不停地往前跑才能生存下来，否则将在用户群体和时间有限的竞争环境中被无情地抛弃，用户对于互联网产品的感情相对于传统制造业产品要低太多了，他们只会看到产品是不是满足自己的迫切需要。所以当 Myspace 刚刚超越 friendster，还未来得及在"霸主"的位置上喘口气，Linkedln（领英）、YouTube、Facebook（脸书）、Twitter（推特）已经磨刀霍霍地"杀"了过来。

2002 年，美国加利福尼亚州山景城一个叫雷德·霍夫曼的富翁也看到了社交网络的前景，于是打造了一个被称为领英的社交网络，但是他并没有杀入面向所有场景和人群的社交网络赛道，而是选择了一个点去突破，做所谓的"价值社交"。雷德·霍夫曼通过大量的数据分析得知，部分社交网络用户使用软件的最大诉求是扩展人脉圈，使自己能够更好地完成工作，或者是获得更多、更好的工作机会。而试图囊括人们所有社交场景的 friendster、Myspace 对于他们来说"太繁杂"了，因而一款专职用于扩展人脉的社交网络产品是具有一定的市场需求的。为此，雷德·霍夫曼决定开发一个只谈工作和钱，远离各种"婆婆妈妈"的社交网络——领英，并成功依托着垂直和专一，从 friendster 以及 Myspace 口中咬下了大大的一块肉。

相对于领英化繁为简，用专注与垂直吸引 Myspace、friendster 的用户不同，YouTube 是在产品载体上做深度的挖掘。随着用户对视频的需求日益递增，Myspace、friendster 开始支持用户上传以及在自己的个人社交网络主页分享视频，而 YouTube 则是把这个原本只是社交网络平台的一个附属工具给无限放大了。在热衷社交网络的用户中，有些用户仅偏爱看视频，不爱看文字或者图片，Myspace、friendster 这种图片、文字、音频、视频混杂在一起的体验，对于他们来说是浪费时间。

2005 年情人节，乍得·贺利（Chad Hurley）、陈士骏、贾德·卡林姆（Jawed Karim）三个小青年在加利福尼亚州的圣布鲁诺，以卡林姆站在加州圣地亚哥动物园的大象前说"这些家伙有好长好长好长的，呃，鼻子。好酷"为内容的首发视频发布，标志着 YouTube 网站诞生了。YouTube 瞬间吸引了大批热爱视频的用户加盟，他们纷纷用视频记载自己的日常生活。由于视频能够完美地将声音、图像、表情都清晰地传达出来，对于观看用户来说，更具身临其境的真实感，因而在吸引资深视频爱好者的同时，大批所谓的"麻瓜"（互联网"小白"用户）也蜂拥而至。至 2006 年，YouTube 达到了年产4000 万条短片、每天吸引 600 万人浏览的惊人数据。至此，人们开始利用视频这个载体会友。

2006 年 10 月 9 日，已是搜索巨头的谷歌以 16.5 亿美元收购了 YouTube，并将其作为自己闯入社交网络领域的入口。这次收购也确实没有辜负谷歌高层的预期，在谷歌搜索全力导流的加持下，YouTube 突破绝大多数跟风者的围追堵截，一跃成为视频界的霸主级产品，将视频社交的主流载体形式，从传统社交网络平台 Myspace、friendster 上给剥离出来。面对YouTube 依靠视频异军突起，2006 年时正处于巅峰状态的Myspace 曾一度对其进行封杀，那时 Myspace 用户总是喜欢将 YouTube 链接的视频嵌入自己的个人社交网络主页，变相地给 YouTube 进行无偿的导流，因而 Myspace 取消了插入YouTube 视频的功能。但是这一举动并没有遏制住 YouTube的崛起，依靠谷歌的搜索流量加持，其依旧保持着高速发展，而 Myspace 则因这个"小气"的行为，招来了一片骂声。大量用户在其巅峰之时选择出走，拉开了 Myspace 由盛转衰的序幕。

YouTube 和领英利用对特定标签群体的优质服务，从Myspace、friendster 手中抢走了大量的用户，但是并未取代二者作为社交网络霸主的地位。YouTube 和领英不管用户量如何提升，都无法建立完整的社交网络体系，始终只是一个特定标签群体的私人玩物。直到脸书强势崛起，作为与Myspace、friendster 定位甚至产品结构都相似的产品，以后来者的身份发起了取而代之的战争。

2004 年 2 月，哈佛大学的学生马克·扎克伯格（Mark Elliot Zuckerberg）设想了一个完全真实复制线下朋友圈的构想，并以此构建了一个以实名制为中心和前提的社交网络"The Facebook"，直译为这是一本"花名册"，是属于每个人独一无二的"花名册"。21 世纪初期，随着 Myspace、friendster 的普及，社交网络这个新的生活方式已经被广大普通用户所熟悉，人们知道网络可以用来建立自己的社交体系且非常的有趣。然而，由于 Myspace、friendster 在建立初期担心用实名制会让用户不敢注册账号，进而加大用户的转化成本，所以他们均允许用户用假名字进行社交活动。这么做虽然很快就聚拢了大批用户，但假名字让每个人脸上都有一个面具，互相之间其实可能处于完全陌生的状态，一个用户想找到另一个用户真实的线下真实身份困难重重。所以，在"你不认识我，也很难找到我"的漏洞下，原本用于健康网络社交活动的社交网络，开始出现大批血腥、色情的内容，成为社会低俗文化的重灾区。更为严重的是，越来越多的绑架、勒索、人身伤害等案件的起始点也被指向了Myspace、friendster，而一旦发生这类社会案件，因没有对用户进行实名制，Myspace、friendster往往就只能干瞪眼，几乎无法给警方提供有效的线索。

渐渐地，Myspace、friendster等社交网络被贴上了"坏东西"的标签，但社交网络这种生活方式已经被广大用户完全接受了。离开了"坏东西"后，很多用户总觉得生活缺少了不少乐趣，于是开始疯狂地找寻替代品，也就是在这个时候，脸书被他们发现了。脸书脱胎于哈佛的校园网，早期注册时要求必须以"edu"为域名的邮箱注册，"edu"是美国各类教育院校使用的主流域名，该域名下的邮箱往往与学生的学籍挂钩。如此一来，凭借"edu"域名的邮箱为注册前提的Facebook间接完成了强制实名制，保证与用户进行交流的人是用户身边的人或者是一个学校的人，此举最大限度地规避了Myspace、friendster等"坏东西"所犯的错，极大地提高了不法分子在脸书的犯罪成本；也时刻提醒着用户，你在网上的一言一行都代表了你真实的线下身份，在网络上进行社交行为，也必须与线下一样遵守规则。如此一来，在"实名制"的保护下，脸书用户数量开始激增。据不完全统计，2008年5月，脸书全球独立访问用户数首次超过了竞争对手 Myspace。但因为后发劣势的影响，它并未在本土实现超越，直到 2009 年 1 月，Facebook 在美国本土用户访问数才以高于 Myspace 20% 的数据将之超越，成为社交网络领域的新霸主。

至于为什么脸书对实名制情有独钟，创始人扎克伯格曾这样说过，"互联网世界中已经存在了太多太多的虚拟社区，在那里网民们可以彻底抛掉自己的真实身份和现实生活，投入到虚拟的狂欢中。相比之下，实名制的网站显得弥足珍贵"。

脸书登上霸主位后所面临的局势并不比 Myspace 好：YouTube、领英吃下的社交网络细分版图完全要不回来了，同时，一家叫推特的公司快速逼近脸书。推特公司这次要吃下脸书的"媒体"属性，即主页和主页关注者的板块。在推特出现前，明星往往会用主页来与自己的粉丝进行近距离沟通，而用户也可以关注自己感兴趣的明星主页，进而及时了解对方的动态，与自己的偶像保持基本同步。至于推特选择了怎样的方式去抢夺这块版图，归结起来就两个字：门槛。

脸书的主页模式受传统"博客思维"的影响，往往进行长篇大论的写作，而这个过程是极其费时间的，所以就算是明星，依旧做不到每天进行更新，如此一来，直接造成明星的动态会有严重滞后的情况。而推特则利用"短、频、快"的核心内涵，创作了一种字数限制规则，将用户发送状态的成本降到了最低。如此一来，人们不会因为写得少而怀疑用户是不是没有用心，因为这是平台的规则限制。借助这一特点，推特很快就吸引了大量明星入驻，紧接着，他们的粉丝也纷至沓来，推特顺利将"媒体"这一属性从脸书身上拔了下来。面对推特的崛起，脸书曾在2008年一度要用5亿美元将其收购，但是由于双方在公司决策权上分歧太大而泡汤。此后，虽然脸书对自身产品中的用户主页进行改进，也鼓励用户发送短内容阻击推特，但推特依旧依靠2年的时间，于2010年将用户数做到了3000万。至此，美国领导的全球社交网络体系出现了以脸书为领头羊，YouTube、领英、推特为护法的格局，并开始大踏步向即时通信领域进军。依托已有的社交网络体系以及独立的即时通信工具，用户可以点对点地与其他用户进行及时的聊天，美国也因此形成了以社交网络为根基的网络社交体系。

而在拥有相对独立互联网体系的中国，美国掀起的社交网络风暴也波及不小。就在脸书建立的2005年，中国的社交网络也开始进入萌芽期，其中，人人网、开心网是最典型也是最成熟的产品。

2005年12月，正当美国的脸书开始以学生群体为突破口，以实名制为特有属性，快速从形形色色的社交网络平台中脱颖而出，直追行业巨头 Myspace 之时，受马克·扎克伯格大学创业的鼓舞，来自中国顶级学府清华大学和天津大学，以王兴、王慧文、赖斌强和唐阳为首的大学生团体，创办了类似脸书的校内网。创业之初，为了保证用户绝对是学生，校内网制定了严苛的申请流程，所有用户必须用特定的大学 IP 地址或者大学电子邮箱进行注册。如此做法在追求用户快速增长的互联网时代，一度被认为是"反人类"的，但与脸书一样，虽然早期用户加入的成本高，却留下了无数精准用户，赢得了一大批大学生网友的鼎力支持。不久，校内网就通过打通"真实"的学生社交关系，率先从中国社交网络平台的草莽期脱颖而出，成为领军产品。

　　成也萧何，败也萧何。因为校内网专注于经营学生与学生之间的关系链，相对地忽视和排除了非学生群体，给予了对手直追的机会。2008 年 2 月，新浪的资深技术人员程炳皓选择了离职创业，他看中了校内网的实名模式以及学生之外的广阔市场，因而拿出了几乎所有的家当，创办了"北京开心人信息技术有限公司"，第一个产品即是基于白领团体的社交网络平台"开心网"，以填补校内网迟迟没有全受众推广的空白。截至 2009 年 12 月初，开心网注册用户已经接近 7000 万，瞬间追赶上了已经耕耘社交网络平台近 5 年的校内网，并大有让校内网关闭的架势。作为防御性的回应，2009 年 7 月，校内网正式更名为人人网，彻底放开了仅限于学生注册的门槛，邀请以及鼓励全中国人民到人人网上构建自己的网上关系体系。而开心网也闯进了人人网传统的根据地学生群体，用铺天盖地的传单、横幅宣传，来个"虎口拔牙"，中国社交网络平台的世纪大战由此一触即发。

在大战的"关键时期"，出于将用户完全留在自己平台的考虑，不管是人人网还是开心网都开始疯狂添加功能，电商、视频、游戏塞满了整个用户后台主页。渐渐的，开心网和人人网几乎没有了区别，成为完全同质化的产品。而二者的战斗结果也在开心网成立 3 年之后见了分晓，依托着约早 4 年的先发优势以及校内网时期积累的良好口碑，2011 年 5 月 4 日，人人网以中国 Facebook 的"金头衔"抢先于开心网以 19.5 美元的开盘价在美国上市，超越搜狐、网易、新浪，成为美股里仅次于百度的巨头公司。当时大批美国投资家都认为，人人网将在中国缔造一个类似于 Facebook 的庞大帝国。

遗憾的是，这些投资家的期盼落空了，中国虽然也建立起了庞大的互联网用户群体，但是美国网友的使用习惯与中国网友并不完全相同，谷歌、易贝、亚马逊、ICQ 等美国互联网公司相继在中国败北就是最好的证明。

## 得即时通信者得天下

美国网络社交这个赛道上，以 Myspace、friendster 为代表的社交网络平台掀起了网络社交风暴。简而言之，美国完整的网络社交关系链是建立在社交网络平台的基础之上的，即时通信工具很长一段时间里只是对邮箱的补充，作为交流工具的存在。

中国则完全不一样，在 2005 年掀起社交网络风暴的校内网创立之前，马化腾的 QQ 紧跟 ICQ 的步伐，在 1999 年就已经形成了一个完整的产品，在中国建立了以"互加好友"为根本模式的中国特色网络社交关系链。很长一段时间里，中国的大多数网民只要上人人网、开心网等社交网络平台，就一定会使用以 QQ 为代表的即时通信工具，而使用即时通信工具的不一定会用社交网络平台。

腾讯 2015 年第三季度财报显示，QQ 月活跃账户数达到8.6 亿。而作为社交网络平台的龙头人人网，最巅峰的时候其活跃用户也未能突破 2 亿，相较之下，人人网在网络社交关系链的争夺中已经完全失败了。而这个失败是致命的，人人网在国外的同胞脸书正是靠着死死控制关系链，才能在面对包括即时通信、视频网站等垂直产品的突击时立于不败之地（只要脸书能够开始跟进功能不落后)。因抛弃关系链的成本太高,大多数用户依旧会留在脸书。换句话说,掌握了关系链,就等同于在网络社交这个赛道里手持"免死金牌"。随着时间的推移,依托在 QQ 上的社交网络平台 QQ 空间,以作为 QQ 生态补充功能的身份日益取代了人人网,中国的网络社交体系正式奠定了以即时通信工具为中心的基础。2013 年,互联网进入第二代移动互联网时代,腾讯公司依靠 QQ,结合 QQ 空间构建网络社交的经验,成功打造出了微信通信结合朋友圈的组合,固守住了自己网络社交赛道的头把交椅。

腾讯也并非高枕无忧。当它终结人人网定义的中国特色的社交关系链之后,回头一看,各大垂直领域的网络社交产品正紧追而来,且距离越来越近,其中新浪微博的风头正盛,百度贴吧亦越走越稳健。

2003 年,作为中国最大搜索引擎的百度,也看中了网络社交这块蛋糕,但考虑到当时 QQ 已经成势,几乎完全坐拥了中国网络社交关系链,所以百度没有像后来的人人网一样以社交网络的形式直接冲击腾讯,而是选择了扬长避短,将自己手中的优势发挥到极致,在一个 QQ 短时间内无法触及的领域进行"分蛋糕"行动。12 月 3 日,依托百度搜索的流量导入,百度决定进军论坛领域,打造出了以兴趣为核心理念的百度贴吧。

贴吧借助精确关键词搜索，带动志同道合的人聚集在一起，完美解决了传统论坛新用户获取以及用户粘连度的问题。毕竟都搜索这个关键词了，对于关键词所在的论坛（贴吧）或多或少都有需求。如此一来，贴吧得以代表论坛这种网络社交形式在中国网络社交这个赛道占据了不可取代的地位。

新浪微博在 QQ "霸权"下的成长历程，跟它国外的同行推特警惕脸书类似。2009 年 8 月，新上线的新浪微博首先利用限制发文字数的模式，降低了人们日常发送个人状态的参与成本，挖掘出了人类关系中的另一维度，即人和公众的关系链。在新浪微博中，每个用户的发言都可以让任何人查看，这样每个人都拥有了发言机会，且每个发言都可以成为推动某事件的组成部分，满足人们参与公共事务的发声需求。因此，新浪微博成了中国网络社交不可或缺的组成部分。至此中国形成了以腾讯即时通信为排头兵，新浪微博、百度贴吧齐头并进的网络社交体系。

腾讯、脸书等网络社交"弄潮儿"日益壮大，产品触角囊括了人们日常生活的方方面面，线下社交和网络社交已经日益融合在了一起，人和人的社交变得没了"边界"，并拥有无限种可能。在网络社交的时代里，不分天南地北的人从未如此紧密地联系在一起过。

## 移动互联网：让人和互联网更加紧密

20 世纪 60 年代，人们通过链接不同的计算机终端，在地球的上空构建了一张无形的互联网。利用互联网高效、便捷、迅速的特性，人与人之间的距离被无限地拉近。但由于早期互联网是依据计算机终端建构的，使用时必须以计算机为接口，所以绝大多数人无法随时随地在互联网上遨游，互联网用户的发展以及用户停留度因此遇到了瓶颈。

图 3-4　20 世纪 60 年代末 70 年代初，贝尔实验室和摩托罗拉成为手机研发技术上的竞争对手。1973 年 4 月 3 日，马丁·库珀走到街上，用研发的手机给贝尔实验室打了一个电话。这一天也被后人认定为手机的诞生日。尽管当时贝尔实验室的人员对这个来电并不在意，但这对后人的意义非同凡响。（图片来源：维基百科；由 Rico Shen 提供）

如何打破这个瓶颈？互联网科学家们很长一段时间里百思不得其解，直到 1976 年，美国摩托罗拉公司的工程师马丁·库珀（Martin Cooper）大胆利用原本应用于军事的无线电通信技术，创造出了民用的移动电话，建立了以服务这代民用移动电话为基础的第一代移动通信系统（1G）和以无线电传输为基础的移动互联网前身——移动通信网络。移动互联网的终端为小巧玲珑的移动电话，如此一来间接解决了互联网终端太过"庞大"的难题。

移动电话之间虽然通过"1G"技术连接在了一起，可以自由通话，但是因世界主要大国都构造了自己的"1G"网络且互相之间还不相通，譬如英国有 TACS、日本有 JTAGS、西德有 C-Netz，直接造成不同移动运营商服务的移动电话不能直接连通，即中国移动运营商服务的手机拨打美国移动运营商服务的手机不通过第三方转接，是无法直接打通的。

1991 年，欧洲电信标准协会推出了一种以"时分多址"（Time division multiple access，TDMA）以及数字传输技术为核心的 GSM 标准（2G），才得以将不同移动服务商的互通问题解决。2G 标准借助数字传输技术突破了 1G 用模拟传输技术只能语音传输的限制，可以承载起图片、文字等多媒体的传输。与此同时，为了避免再次出现移动网络互不相通造成的不同移动运营商服务的移动电话不能直接数据对接的无奈，欧洲电信标准组织第一时间就将 GSM 标准公开给全球同行，呼吁全球各地的同行不再各自为战，建立一个一部移动电话走世界的通信世界。

1997 年，依托计算机互联网的成功经验，全球四大移动通信服务商——爱立信、摩托罗拉、诺基亚和无线星球开始了丰富移动互联网的尝试。最初他们试图直接将移动互联网对接计算机互联网，然而由于计算机互联网的页面语言 HTML、HTTP 和 TCP 等传输协定在处理数据时的单位大小，是以计算机的数据处理能力以及计算机互联网系统的传输能力来设定，当时的手机的硬件尚无法与之对接移动互联网不得不走上了区别于计算机互联网的独自发展之路。

移动互联网诞生在通信网络的基础之上，而不同运营商之间的通信网络并非完全打通，所以在 2000 年到 2002 年的移动互联网第一阶段，往往都是以中国移动、美国 AT&T、德国电信这样的移动运营商所主导。其中，中国移动在 2001 年推出的"移动梦网"即为这种模式最典型的代表。"移动梦网"是个典型的客户服务台，服务模式有点像"服务"版的亚马逊，为满足用户移动的上网需求，中国移动将自己搭建的移动通信网络开放给合作伙伴，让他们通过建立服务平台为用户提供游戏、短信、彩信、WAP 上网、彩铃、铃声下载等移动增值服务，直接表现形式为各类短信手机报。

1998 年 5 月，出于模仿计算机互联网模式的需要，基于对 HTML 语言以及 HTTP、TCP 等传输协定的简化以及约束，无线应用通信协议（WAP）、页面语言 WML 得以顺利诞生。但是 GSM 标准下，移动电话的数据传输速度仅有 9.6K/S，不管 WAP 协议再怎么压缩，依旧很难让移动电话显示出有价值的数据。为此，欧洲电信标准组织强行在 GSM 构建下的移动互联网上叠加了一个使用通用分组无线服务技术（GPRS）的新网络，该网络专职用于浏览 WAP 网页以及相关数据的传输，跟 GSM 构造的通话网络区别开来。正是由于这个分开的举动，目前我们的手机才可以在通话功能畅通的情况下，关闭连接网络的功能。所谓的移动上网的流量，即移动运营商分配给你的 GPRS 使用流量。

约在 2003 年，WAP 协议和 GPRS 技术正式全面推向世界，用户得以开始像计算机浏览互联网网页一样，通过手机的浏览器浏览网页。但是由于 2G 移动通信网络的数据传输承受能力依旧没有计算机网络传输强，因而移动互联网在 WAP 协议和 GPRS 技术的支持下还是只能实现浏览文字、图片的"初级"互联网服务，直到 2008 年 5 月，国际电信联盟正式公布第三代移动通信标准（3G）。根据这个标准，移动通信网络的数据传输速度再一次有了质的飞跃，最快达到了 2M/S，这个速度完全满足了读取计算机互联网数据的需求，为移动互联网和计算机互联网的融合提供了不可或缺的前提。不久，链接移动互联网和计算机互联网的无缝漫游技术被研发出来，移动互联网完成了仅作为计算机互联网补充的历史使命，相对应的，手机也开始作为与计算机平级的互联网接入终端。但是移动互联网并未因此而停止发展，移动互联网的数据传输速度在通信技术的不停迭代中大有直追计算机数据传输速度之势。2014年，4G上线后直接将移动数据传输速度从3G时代的最高2M/S提速到了最高100M/S，比家用宽带 ADSL（4M 宽带）还快。这意味着人们可以基于手机这个终端完成曾经只有计算机网络才能完成的绝大多数事，且依靠终端为移动电话这个"小巧物"，还能实现让计算机互联网望尘莫及的独有"特性"。随着3G、4G的普及，区别于计算机网络以浏览器为主要入口的表现形式，被称为"APP"(手机软件)的新互联网生态体系在3G、4G的加持下快速茁壮成长，而在这生态之中抢先发力的是作为电话通话补充工具的即时通信APP。

APP普及的初期由于思维的局限性，大多数 APP 提供的服务都是工具性的，即闹钟、计算器这类硬件需求。直到2010年10月19日，一款被称为"kik"的聊天软件登陆了各大APP应用市场，将计算机互联网生态中最大的版图之一——网络社交带入了移动互联网生态。且依托手机通讯录这一更接近实名的强关系链，强行突破了计算机互联网脸书、QQ等传统网络社交平台的设防，将网络社交真正地与现实社交紧密联系到了一起。对于 kik 黑马级的崛起，kik 员工是这样说的："如果你悲观地认为，这一代人社交关系完全基于互联网，那说明你的做法有误。互联网和现实世界，应该是无缝的。"随着移动互联网生态下的网络社交新形势的到来，作为世界互联网中心点之一的中国不可避免地迎来了一场混战。

专注做手机的小米公司，出于满足用户移动网络社交的需求，在市场没有霸主级竞争对手的情况下，效仿 kik 的模式于 2010 年 12 月以手机号和手机通信为关系链研发出了一款被称为"米聊"的 APP，直面冲击传统网络社交霸主 QQ。然而，俗话说"姜还是老的辣"，米聊虽然独具慧眼，抢占了移动网络社交的先发优势，但腾讯依托 QQ 缔造的网络社交体系毕竟是第一代中国网民共同的网络社交记忆，拥有广泛的群众基础，米聊想完全突破需要一定的时间。不过商场如战场，腾讯不会留给米聊打败自己的时间，2011 年 1 月 21 日，由 QQ 邮箱团队打造出的对标米聊的"微信"诞生。因微信、米聊诞生时间仅间隔 2 个月，直接造成米聊在先发优势尚未巩固的情况下，就不得不开始一场生死战。

生死战中，虽然米聊使劲地"折腾"产品体验以及对外宣传，但终没能敌过 QQ 和微信的联合反击。微信成长的初期，

QQ 消息、微信消息处于捆绑状态，用户在登录微信后，只要绑定了 QQ 号，就可以直接接收对应 QQ 号的消息，并对消息做出回复。如此一来，很长一段时间里微信成了 QQ 在移动端的接收器，在 QQ 数亿用户的支撑下，微信用户数很快就赶超了先行者米聊，并遥遥领先，直到米聊被世人遗忘。至此，腾讯以自有流量为 "武器"，捍卫了中国网络社交头把交椅的地位。

计算机的全球普及集中在 20 世纪 90 年代，且计算机终端的成本偏高，所以理论上计算机互联网的使用人群存在严重的年龄断层，即 60 年代、70 年代乃至于 80 年代初的人几乎都没有融入计算机互联网，没有 QQ 号和邮箱。而手机以及手机号作为通信工具的组成，则是生活必需品。因此，腾讯基于手机号和微信得以有机会对尚未接触互联网的用户进行攻坚，在将中国网络社交规模扩大的同时，提升自己的用户占有率。

中国之外的国家由于 Facebook 移动端相关功能快速推进，且 Facebook 自身原本就有着实名制带来的强关系链，移动互联网土生土长的网络社交平台均逐渐熄火。相反，中国的微信因为补充了 QQ 未能实名制的尴尬困局，加上用手机号扩容中国网络社交版图的能力，一时间成为腾讯网络社交帝国的新主力。截至 2018 年，微信的用户规模达到了 10.4 亿，使用微信成为中国人的一种生活方式。

根据百度 2012 年第一季度的《移动互联网发展趋势报告》①显示，中国从 21 点到 24 点，移动互联网用户的浏览量开始超过计算机互联网；早上 7 点到 10 点，移动互联网亦超越计算机互联网。哪里有用户，哪里就有服务。随着移动互联网用户浏览量日益增多，传统计算机互联网的服务商纷纷挤入了移动互联网生态，所以就有了手机版的脸书、推特、亚马逊、淘宝、百度、谷歌，甚至在某些特定领域里，一些在计算机互联网时代已经被边缘化的表现形式出现了逆生长的奇迹，其中最典型的莫过于提供资讯阅读服务的"今日头条"APP。

在 2012 年"今日头条"诞生之前，因百度搜索引擎在用户获取信息行为的上游"查什么"方面的强势，以新浪、网易、搜狐等门户网站为代表的传统中国互联网资讯服务平台难有出头之日，使资讯服务这个互联网形态始终处于互联网产品的第二阶梯。而在新生的移动互联网时代，"今日头条"用一个

---

① 《百度移动互联网发展趋势报告_2012 年 Q1》. 百度移动·云事业部，百度在线网络技术（北京）有限公司，https：//wenku. baidu. com/view/ 848906081eb91a37f0115c2a. html？rec_flag = default&sxts = 1559205824518.

"区别"成功突围了,与传统资讯服务商编辑选题模式下,每个用户看到的都是千篇一律的界面不同,"今日头条"根据每个用户的兴趣、位置等多个维度进行个性化推荐,以算法保证了用户看到的资讯都是"千人千面",且样样都是用户最爱看的内容。若用户时常看篮球,那"今日头条"就集中推荐NBA、CBA的资讯给用户,让用户在兴趣的推动下极大地延长对今日头条APP的使用时长。

知名国际商业期刊《经济学人》2017年发文指出:"今日头条的1.2亿用户平均每天使用此App的时长为74分钟——超过了包括脸书和微信(微信的用户平均使用时间为66分钟)在内的大多数国内外大型社交App。"今日头条以一己之力将资讯服务这个曾屈居二线的互联网形态拔高到了与网络社交平台相提并论的一线水准。在今日头条崛起的同期,依托作为移动电话使用场景的移动互联网,Uber、滴滴打车代表的互联网出租车生态,摩拜、ofo、哈罗单车引领的共享单车生态等移动互联网独有的产品形态也拔地而起。如此一来,移动互联网在旧的计算机互联网产品生态和自有产品生态孵化这两驾马车的牵引下,彻底摆脱了作为计算机互联网补充的身份,还成为了互联网发展的新方向,人和互联网也因此联系更加紧密。

# 网络病毒："矛盾"较量

## "矛"的锋利

1949 年计算机诞生初期，匈牙利裔美籍数学家、计算机科学家冯·诺依曼（John von Neumann）在美国伊利诺伊大学的一次演讲中大胆提出"计算机拥有能够自动自我复制的程序"，为此后计算机病毒的诞生间接地"指引"了理论方向。

冯·诺依曼是一名犹太人。他于 1903 年 12 月 28 日出生在匈牙利布达佩斯，父亲是年轻有为的银行家，因此他从小就过着丰衣足食的生活。但是富足的生活并未使其变得懒惰，他从小就热爱学习，并表现出了异于常人的智商，8 岁就能熟练掌握微积分，10 岁时更是将百万级文字的历史著作畅读完成，而且对内容记忆深刻，张口就能引经据典，他的"知识渊博"使大学的学者都脸红，可以说是百年难遇的天才。他大学就读布达佩斯大学时，几乎不去课堂听课，却依旧次次数学考试拿最高分。1927 年更是以 24 岁的年龄出席了顶级学术会议——数学家会议，成为世界数学领域的顶级专家一员。30 岁被美国普林斯顿高级研究院聘用，成为和爱因斯坦同台竞技的同事。

　　计算机科学的基础理论来自数学,并且最早的功能也是服务于数学,所以当1946年2月14日,服务于弹道计算的"电子数字积分计算机"诞生之后,作为数学领域顶级专家的冯·诺依曼成了计算机领域的第一批吃螃蟹者,并通过对计算机的实际使用,成为计算机发展的理论先驱之一。而冯·诺依曼最重要的成果之一,就是在1949年宣讲的有关计算机自我复制程序的说明。

　　1980年,一名叫尤尔根·克劳斯的学者,在自己的论文中第一次提出了可以让计算机程序表现出生物病毒一样的特性,即通过无限制的自我复制,占据所在宿主(计算机)的所有资源,进而让宿主"死机",定义了病毒的基本运作逻辑。而病毒真正地被定义,以及被证明是可以存在的事物,是在1983年的南加州大学工程学院,当时一位叫弗雷德·科恩的研究生利用

图3-5　世界上第一台通用计算机 ENIAC(电子数字积分计算机的简称)诞生于1946年,时任弹道研究所顾问的数学家冯·诺依曼加入后,解决了一系列关键性问题,从而保证了 ENIAC 的顺利问世,他也因此被誉为"计算机之父"。

尤尔根·克劳斯的逻辑，以及冯·诺依曼的技术构想，成功打造出了计算机历史上的第一个能做到自我复制，且在计算机之间自动感染传播，并让计算机陷入死机状态的程序。

根据这个程序的实践，弗雷德·科恩发表了著名的学术论文《计算机病毒》，将前人停留在理论上的事物，用实践结果将它定义成了"计算机病毒"。具体定义是这样说的：计算机病毒是一种计算机程序，它通过修改其他程序把自身或其演化体插入它们中，从而感染它们。但是别看"病毒"有着一个可怕的名字，它第一次出现在个人计算机市场时，却并非是以"恶魔"的姿态，反而有着"天堂惩戒者"的架势。20 世纪 80年代，由于计算机市场处于蛮荒期，各种计算机软件编写者的合法权益得不到任何保证，一款软件被编写出来，瞬间就被别有用心之人盗版而去，研发者往往因此赔得倾家荡产。

出于防范这样的悲剧在自己身上重演，巴基斯坦有对专门从事软件买卖工作的兄弟，于 1986 年初研发出了一款被称为"大脑"的病毒。他们将病毒安装在所出售的软件光盘上，只要有人试图在电脑上复刻软件，病毒就会被启动，通过自身无限制的复制，将计算机的硬盘塞满，直到计算机死机报废。这开创了计算机病毒"民用"化的先例。此后不管是出于善意还是恶意，同类型病毒开始在计算机之间广泛地传播。由于这一阶段计算机病毒还严重依靠硬盘、光盘等物理硬件作为初始传播载体，所以病毒的传播速度以及范围都极其有限，只要用户不去使用陌生的硬件即可完美地避开。但是这一局面随着连接计算机的互联网逐渐民用化而改变，作为计算机数据的一种，早期的互联网对于病毒完全没有防范，导致病毒可以在互联网中肆意"流窜"。

根据现有资料记载，最早在互联网上流窜的病毒被称为"蠕虫"，是由美国康奈尔大学一年级研究生罗伯特·莫里斯在1998年11月2日正式投入使用的。通过这个病毒，投放者可以远程操作被感染的计算机，并做出摧毁系统、修改数据的指令。由于该病毒的自我复制和自动传播在启动后陷入了"失控"状态，超过6000台计算机因此而死机，其中包括大量政府公共设施的计算机，因而作为该病毒的发明者，莫里斯被美国当局判处3年缓刑、400小时社区服务。但也正因这次蠕虫病毒的爆发，美国政府高层以及广大人民群众意识到了计算机病毒的可怕性。"蠕虫病毒"事件之后不久，美国正式颁布了《计算机安全法令》，向试图使用计算机病毒来图谋不轨的人宣战。也就是在美国严肃对待计算机病毒的同时，在互联网的另一中心——中国，也发现了首例计算机病毒——Pingpang(乒乓病毒)。

乒乓病毒的中毒表现为，只要受感染的电脑在半点或整点进行电脑操作时，病毒就会自动启动，启动之后屏幕会出现一个小球，不停地跳动，人们无法通过正常的操作将其关掉，只能直直地盯着它，这是中国人第一次遇到计算机病毒的无奈表情。

### "盾"的坚硬

当 20 世纪 80 年代计算机病毒出现之时，它的终身宿敌"杀毒软件"应运而生。其中，俄罗斯的大蜘蛛（Dr. Web）和卡巴斯基（Kaspersky-Anti-Virus）、美国的迈克菲（McAfee）、德国的小红伞（Avira AntiVir）、中国的 KILL 都是早期反病毒领域的佼佼者。

俄罗斯大蜘蛛有着深远的国家背景。1992 年，它的初始形态诞生于俄罗斯国家科学院，作为俄罗斯行政以及军事领域的专用杀毒程序，是俄罗斯政府早期拥抱互联网不可或缺的安全措施。其民用版本在 2003 年由俄罗斯 Doctor Web 有限公司推向社会，市场规模在 20 世纪 90 年代一度覆盖了俄罗斯 95％的计算机，同时在全球市场上也取得了不错的成绩，位于欧洲、美洲、亚洲多国主流计算机杀毒软件前 10 名。

卡巴斯基反病毒软件论出身，跟大蜘蛛相比差距很大。它诞生于民用企业 KAMI，该公司的主营业务是大型计算机，因而当计算机病毒开始泛滥之后，出于更好服务自身客户的需要，公司组建了自有的反计算机病毒部门"卡巴斯基实验室"（Kaspersky Lab）。1997 年，卡巴斯基正式独立，专注为计算机用户提供杀毒软件服务。但那时的俄罗斯市场属于大蜘蛛，因而卡巴斯基正式创业时除去母公司的自有业务，放眼全俄罗斯市场，整体规模微乎其微，发展前途可谓"路漫漫其修远兮"。但也正因它的规模够小，小到资本市场对忽视它，反而使其有了将大蜘蛛取而代之的机会。

1997 年 7 月 2 日，东南亚主要经济体泰国的经济崩溃，泰铢极速贬值，跟其经济紧密挂钩的马来西亚、新加坡、日本和韩国也相继陷入泥潭，整个亚洲经济陷入半瘫痪状态。而大蜘蛛在亚洲有着巨额投资，因而受亚洲经济的影响，大蜘蛛的资金链条完全断裂，杀毒软件的更新因研发经费不足开始出现了停滞，相关的配套服务也陷入了捉襟见肘的困境。如此一来，因为大蜘蛛的用户体验越来越差，老用户开始成批量地流失。而卡巴斯基借机主动出击，用优质的杀毒体验以及售后服务，成为继大蜘蛛衰落之后最大的接班人，在 1999 年正式蜕变为俄罗斯的主流杀毒软件。

与大蜘蛛、卡巴斯基有一个庞大组织为其背书不同，美国迈克菲是完全自主的杀毒软件公司。1987 年，落魄的"码农"迈克菲迫于吃饱饭的需求，在美国加利福尼亚州的圣克拉拉县成立名为迈克菲的合资公司，那时计算机病毒正在肆虐美国各地的计算机，作为"盾牌"的杀毒软件市场却依旧处于草莽出英雄的乱世。由于自身并非专业级技术出身，迈克菲的杀毒软件帝国能成功的最核心因素，并非是技术做到了世界顶尖，而是迈克菲有精准的市场判断力。当绝大多数美国杀毒软件公司挤破了头去争取写字楼里的公司级用户时，迈克菲另辟蹊径打出了"源头牌"，即选择与计算机生产厂家合作，直接在计算机出厂之时就预装迈克菲牌杀毒软件。靠着这样的手段，迈克菲完成了快速扩张，2009 年公司高层骄傲地说道：我们的安全产品已预装于全球十大知名计算机品牌超过 50% 的新电脑中。

德国小红伞相对于迈克菲、大蜘蛛、卡巴斯基早期依靠售卖软件来盈利的模式不同。早期的小红伞为了能够在欧洲市场站稳脚跟，打出的是"免费牌"和"轻便牌"。"免费牌"指个人、家庭和非营利组织可以免费使用小红伞。"轻便牌"则是抛弃绝大多数收费杀毒软件盲目追求杀毒能力强，忽视自身体积以及占用内存的现状，剔除了一些用户使用率并不高的功能，将对个人用户的防护降低到个人偶然感染层，而非应对专业黑客的对战层。如此一来，相对于收费杀毒软件，小红伞因其易安装、快扫描、高侦测率、低资源占用的优点，成为被热捧的个人计算机用户首选杀毒软件。

中国的 KILL 从建立背景来看，它是由中国公安部下属的金辰公司在 1992 年发行的。由于有中国公安部的背书，KILL 在中国政务系统的杀毒软件市场一度处于绝对垄断地位。但由于查杀能力长时间只停留在 10 种常见病毒上，对新兴病毒缺乏及时的应对。1994 年，一个 38 岁学习计算机的"机电技术工人"王江民敲打出了能杀 100 款病毒的"KV100"之后，KILL 开始失去了它的垄断能力，随后中国进入了杀毒软件百花齐放的年代。传统计算机公司金山在 1997 年推出金山毒霸挑战江民杀毒，而就在二者为了市场占有率杀得昏天黑地之时，瑞星杀毒以"云计算"能力异军突起，杀毒软件市场进入三国争霸的时代。2002 年，金山咬紧牙关喊出"50 元正版"的口号，以低价成功坐拥半壁杀毒软件市场，大有一统天下的气场。然而让金山万万没有想到的是，正当春风得意之时，一个自称"360"的小伙子杀了进来，用比低价更狠的招——在 2009 年推出"永久免费"的杀毒软件，一时间打得金山"满地找牙"，并同时跨过诸如江民、瑞星这样的杀毒软件前辈，成为中国杀毒软件界的霸主。在生存的压力下，金山、瑞星等软件开始逐步实现个人用户全免费，此时中国杀毒软件市场大踏步走进了"群雄争霸"的时代。

中国的主流杀毒软件已经实现个人用户免费，质量非但没有降，反而越来越好。根据2014年10月，世界范围内最具知名度和公信力的国际性独立杀毒软件评测机构之一 AV-Comparatives（AV-C）的"真实世界防护能力"测试，中国的360杀毒以99.8%的拦截率排名全球第二。

INTERNET 04

**互联网的路在何方**

## 现实与虚拟合二为一

20 世纪 40 年代，范内瓦·布什提出了建立互联网的构想；20 世纪 60 年代，美国阿帕信息处理技术办公室主任罗伯特·泰勒开始进行互联网的前身阿帕网项目的研发；1993 年 9 月，美国政府宣布实施"国家信息基础设施"（National Information Infrastructure，NII）计划，全面完善互联网物理基础设施建设，为互联网的形成提供必要条件，互联网技术由此开始全方位地为人类服务。从历史结果来看，人类以互联网为依托，在传统的人类现实社会的基础上，构建了一个被称为互联网的新世界。在这个新世界里，人们可以购物、社交、学习，形成了独属于 21 世纪的互联网生活方式，互联网得以成为人类进入 21 世纪后最显著的标签。但现有的"双世界"互联网模式绝非互联网的终极形态，追溯互联网全面优化现实世界的发明初衷，作为互联网时代最大赢家之一的比尔·盖茨，在 1995 年于其著作《未来之路》（*The Road Ahead*）中提出了"物联网"的设想，该设想认为互联网的下个阶段，将是完全打通现实世界和互联网虚拟世界的物联网时代。

1999 年，物联网设想的具体方法论在美国麻省理工学院被提出，根据方法论的要求，RFID 技术和无线传感网络自此被认定为实现物联网设想的无线网络传输技术基础。但由于 RFID 技术和无线传感网络建设在 21 世纪初期遇到瓶颈，物联网设想的执行陷入停滞状态。直到 6 年之后的 2005 年，国际电信联盟才在手机终端互联网化成功之后，正式提出物联网的概念。根据物联网概念的内容，全世界包括人在内的所有物件，都可以利用互联网互相联系和主动交流。互联网的研发初衷强调的是解决人与人之间的联系，而物联网则将其扩展到解决人与物、物与物之间的联系，物理上的现实世界将和虚拟的互联网世界完全融合。

市场上依托计算机大数据流行起来的产品，如智能电视、智能监控、智能交通，无不是在进行物联网概念的实践尝试。与此同时，由于物联网代表的是一种未来的生活方式，是国家软实力的象征，世界各个主要大国都选择强势介入其中，将物联网视为国家发展的大战略，希望能够抢先一步将自己的国家打造成物联网的世界，抢占国家软实力发展风口。

日本总务省在 2004 年提出 u-Japan 计划，要让互联网技术完全渗入日本社会的方方面面，提高日本人日常生活的信息化水准。2006年，韩国也确立了u-Korea的总体政策规划，试图利用互联网技术为基础，建立一个"无所不在"的社会。2009年，欧盟执委会发表了欧洲物联网行动计划，宣布欧洲加入了将公民生活信息化的发展竞争之中。作为传统互联网大国的美国和中国自然也不会落后，2009年，IBM提出的"智慧地球"战略被时任美国总统奥巴马积极认可后，开始在美国全国范围布置建立物联网的物理硬件设施；同年，中国也将物联网正式列为国家五大新兴战略性产业之一，写入政府工作报告。从各国政府的推广力度来看，在不远的将来，我们生活中的一切都将完全信息化。譬如，当我们吃水果时，它的生产日期、产地等信息就会立马输入我们的大脑之中；出门时，我们需要的天气预报、空气湿度等生活服务信息，也将及时与大脑同步。

在物联网的世界里，人类的信息处理能力将极大地提升，我们将不再埋头在基础信息的处理之中，大脑得以空出来向更加高级的信息探索，人类也将迎来新一轮信息大爆炸，创造出远大于人类历史上任何时期的辉煌，包括如今我们自以为很完美的世界。

# 正在改变世界的 3 种方式

　　物联网以及将互联网和人类社会高度融合所构建的未来世界看似天方夜谭，但目前以智能工厂、智能家居、智能购物为代表的互联网生态，已经在悄悄地融入我们的现实世界，整个人类社会开始大踏步地走向那科幻世界般的万物相连。

## 智能工厂

　　2011 年的汉诺威工业博览会上，作为全球传统工业制造大国的德国，向世界抛出了一个"工业 4.0"的概念，旨在提升制造业的智能化水平，建立具有适应性、资源效率及采用基因工程技术的智能工厂。但是，智能工厂的概念并非德国首先提出，美国在 2009 年就以将传统工业制造和互联网引领的信息化时代进行融合为基调，提出建立属于 21 世纪的智能工厂。然而怎样的工厂才算得上是智能工厂？ 虽然目前尚未有任何标杆，但是有 3 个必备的特征：生产流程数据化、决策智能化、产品个性化。

智能工厂里的每一个零件、工具以及原料都会通过数据的方式，完全实时地出现在操作者面前，这样一来，操作者就可以直观地知道工厂在每个阶段的生产力，明白哪些东西可以生产，哪些工序无能为力，最大限度减少了工厂生产的决策成本。同时，产品的整个生产过程

图4-1　智能工厂车间的机械臂带有3D渲染显示屏。智能制造过程主要围绕着智能工厂展开，而人工智能在智能工厂中发挥着重要的作用。物联网将所有的机器设备连接在一起，例如控制器、传感器、执行器联网，AI就可以分析传感器上传的数据，这就是智能制造的核心。（图片来源：维基百科；作者：BMW Werk Leipzig）

在智能工厂也实现了完全数据化，一个产品在计划生产、开始生产、进行生产、完成生产的每一步，所产生的数据都会汇总到专门的数据库留档。假如产品在生产过程中出现错误，人们可以通过数据库高效找出错误点进行修复，直接降低工厂的纠错成本。

智能工厂完成了整体的数据化之后，为了进一步减少操作者的决策成本，由高效率计算机组成的智能生产系统应运而生。它通过对工厂在生产过程中产生的大量数据进行归纳整理，可以对生产过程中可能产生的风险进行评估，并植入预设

的解决方案。一旦风险被触发，系统会通过预设的解决方案进行主动处理，减少操作者处理基础风险的决策成本。

有了数据做支撑，以及决策的智能化，智能工厂在选择生产的产品类型时，便拥有了满足用户个性需求的能力，从而打破了工业生产为降低生产成本不得不生产千篇一律的产品，消费者被动去选择的生产关系。用户想要什么，智能工厂都可以通过从原料到组装的上下工厂所对应的数据重组，快速将个性化定制的产品呈现出来。

生产标致、雪铁龙等品牌汽车的法国私营汽车制造公司 PSA 集团（标致雪铁龙集团）的实验工厂，完美实践了智能工厂的设想——买车的消费者只需通过相关网页或者 APP，填写包括颜色、配置需求的订单，PSA 工厂控制中心便会迅速接到订单，然后通过对自身数据库的数据进行组合，得出临时交车日期，并告知消费者，同时将订单内涉及的零件快速同步给对应的生产厂商。

零件送回到智能工厂之后，工厂将进行快速组装，整个组装的过程完全数据化，若有一丝跟既定数据的冲突，立即就会反馈给对应的负责人进行处理，或者启用预设的处理方案自动处理。整个生产过程中，只需操作者盯着屏幕，出现重大失误时救急即可。

数据化、信息化的智能工厂，通过数据整合使工厂生产能力与消费需求完美匹配，而过剩生产、被动消费将成为历史。生产者的生产风险以及成本也会在生产过程全数据化的加持下持续下降。按需生产、安全生产等 20 世纪难以完全克服的难题，将在技术突进的 21 世纪成为工业生产的常态。

## 智能家居

1984 年 1 月，美国康涅狄格州哈特福德市，一座老旧金融大厦在联合技术建筑系统公司 UTBS（United Technologies Building Systems Company）的努力下，以"都市办公大楼"（City Place Building）为名重获新生。而因 UTBS 在重建大厦过程中，大胆地融入新生的互联网技术，建立了计算机、专用数字交换机和局域网，并在此基础上构建了建筑设备自动处理系统，由此成为世界上第一座智能建筑大厦。这是智能家居的起点。在此之后逐渐形成以该智能建筑大厦为模板，以信息家电、家庭网络、家庭自动化为矩阵的智能家居体系。

智能家居体系利用数字技术、网络技术及智能控制技术为基础，使家电拥有了互相识别连接以及连接外部互联网、局域网的能力，因而被称为信息家电。

家庭网络则是整个智能家居体系的沟通桥梁，它首先通过网络技术在信息家电之间建立起局域网，然而再把局域网与互联网或者其他局域网相互链接，使用户的指令可以安全、精准地到达指定的信息家电，信息家电的状态也可以通过家庭网络及时反馈给用户。

家庭自动化则是智能家居体系的主要特征，利用一个带有微处理电子技术的终端手机、平板电脑、笔记本、PC 电脑等，对家里的照明灯、电视、冰箱、微波炉等日用电器进行远程控制，即用户通过终端下达指令，电器立即接收指令执行。

例如，用户想在下班回家后吃口热饭，可以通过手机直接对家里的电饭煲下达烹煮指令。当用户下班到家，电饭煲就完成了烹煮任务，极大地提高了用户时间的利用效率。受互联网技术发展的限制，智能家居在 1984 年 1 月第一次实践之后很长一段时间内，因产品品类不多，并且跟传统家居相比，在体验上也仅仅是改进而非质的提高，最终发展进入停滞状态。截至 1995 年，美国作为全球互联网技术的领头羊，已使用先进的自动化设备的家庭比率也仅仅为 0.33%。

21 世纪，在 3G、4G 加持下的移动互联网兴起以及互联网传输宽带提高，互联网技术进入崭新的快速发展阶段，智能家居也开始重新焕发生机。尤其是以手机为终端的移动互联网技术，将智能家居的操作从"庞大"的电脑前，解放到随时可用的手指之间，极大地提高了智能家居的使用体验，为智能家居的蓬勃发展提供了消费者基础。

据全球知名数据公司 Strategy Analytics 的数据显示，2017年，全球智能家居市场规模达到 840 亿美元，智能家居成为家居市场可见的增长点。也正是因为市场蛋糕大了，大量企业开始涌入掘金，而涌入的企业中大致分为两个派别：其一是以亚马逊、谷歌、苹果、百度、腾讯和阿里巴巴为代表的互联网企业；另一个则是以三星、索尼、松下、西门子、长虹、格力为代表的传统家电企业。互联网企业虽然在智能家居领域是"半路出家"，但因为站在互联网技术的金字塔顶端，在追求更高技术和质量的智能家居消费观下，成为智能家居锋芒最盛的集团。2018 年，百度的智能家居设备小度智能音箱依靠出色的声控识别在 8 月 8 日这一天创造了 90 秒卖出一万台的记录，同月小度音箱全系列创造出了激活数量突破一亿大关的辉煌"战绩"。

紧随互联网公司之后的传统家电企业不甘心在互联网时代被淘汰，纷纷出巨资入局智能家居。创立于 1847 年的德国西门子家电，为了迎接互联网主导的新时代，喊出了"西门子智能家电，一键互联，打开万千可能，开启崭新世界！ 西门子家电，科技提升生活品位，从容生活触手可及！"的口号。

互联网公司寻求在智能家居行业的下沉市场，而传统家电企业为了自救破旧立新，这就导致了智能家居行业进入诸侯混战时期。对此，Strategy Analytics 智能家居战略咨询服务总监比尔·阿布隆迪（Bill Ablondi）说："消费者意识不断提高，价格下降，同时技术变得更加直觉化。然而，该市场仍高度碎片化，许多公司正在争夺智能家庭消费者。谁将最终成功抓住这个市场的增长仍然不明朗。"①

不管商业战场上的厮杀结果会如何，大量资本的注入必将让智能家居拥有更多的品类、创新，而消费者将会享受更加智能化的家居体验。人们只要动一动眼睛、手指或者大脑思维，想要做的事情都会立刻得到解决——这样只出现在科幻片中的场景也将逐渐成为现实。现在，当我们起床的时候，喊一声百度的小度智能音箱，它就会播报当天的天气、实时新闻。

## 智能购物

21 世纪初，随着互联网的兴起，人类的原始需求之一——购物的表现形式发生了天翻地覆的变化。根据商业咨询公司

---

① Strategy Analytics：Global Smart Home Market to Hit ＄155 Billion by 2023 ［EB/OL］. https：//news. strategyanalytics. com/press-release/devices/strategy-analytics-global-smart-home-market-hit-155-billion-2023 ,2018 － 05 － 30.

FTI 的报告，2017 年美国网络消费品零售总额达到了约 4450 亿美元，占到美国社会零售总额的 12%。[①]同时，中国国家统计局数据显示，2018 年 1 月到 11 月，中国社会消费品零售总额 345093 亿元，网络零售额达 80689 亿元，其中实物商品网上零售额 62710 亿元，占社会消费品零售总额的 18.2%。[②]

继在琳琅满目的实体商店左看看、右瞧瞧的逛街购物模式之后，以亚马逊、易贝、天猫、京东等互联网企业为主体，基于鼠标按一按、手指点一点的网络虚拟购物成为重要的购物方式。而一个行业的规模往往是固定的，其中某种模式占比的提高，不可避免地让另一种模式开始走下坡路。2018 年 10 月 15 日，有着"百货公司鼻祖"之称的西尔斯·罗巴克（Sears and Roebuck）公司正式向美国破产法院申请破产保护。市场研究机构 Coresight Research 的最新报告称：2019 年仅头 3 个月，美国已有 2187 家零售门店闭店。

互联网企业强势来袭，传统零售行业在压力下不得不自我

---

① 2017 US Online Retail Forecast［EB/OL］. FTI Consulting, https：//www. useit. com. cn/thread-16853-1-1. html.
② 2018 年 11 月份社会消费品零售总额增长 8.1%［EB/OL］. http：//www. stats. gov. cn/tjsj/zxfb/201812/t20181214 – 1639480. html，2018 – 12 – 14.

革新，主动拥抱互联网科技，跟对手的优势资源做朋友，无疑是最好的选择。如此一来，结合互联网科技的"智能购物"应运而生。最早开始尝试的行业是服装业，2012 年 1 月，英国 Apache Solutions 公司开发的"魔镜"（Magic Mirror）在英国曼彻斯特的特拉福德购物中心投入使用。在体感传感器和增强现实技术等新兴技术的加持下，消费者疲于穿梭各个柜台和劳于穿衣、脱衣的不友好"挑物体验"统统规避。

消费者只需站在镜子前，系统就会根据消费者的身材比例，为他们匹配商场内所有服装的款式，让他们轻松体验全场。但由于增强现实技术目前尚未成熟，魔镜展示效果未能超越实体体验，因而"魔镜"在现阶段，依旧是少数的实验拓新项目，并未大规模使用。

美国服装业则为了将互联网技术带来的革新更加直观地用于提高自己的既有服务水平，研发了一个低配版的"魔镜"——mybestfit 技术。该技术摒弃了尚未成熟的增强现实技术，利用互联网技术核心数据分析做文章，首先利用机器对消费者进行全身扫描，得出身高、腰围等体型数据，然后将数据快速通过后台处理器，与商场内各商家库存中的各式商品尺码、面料、样式的数据库相互对接匹配，得出最适合消费者的服装品牌。整个过程仅 20 秒，就让消费者在极短的时间内找到合适的服装。

"魔镜"类的应用只是解决了消费者挑选问题上的智能化，但是消费者的体验智能化还远远不止如此。从智能购物的长远发展来看，由全球最大的零售巨头沃尔玛实践的 RFID（Radio Frequency Identification，射频识别）技术，才真正地为我们绘制了一张完整的智能购物蓝图。RFID 技术可通过无线电信号识别特定目标并读写相关数据，而无须在识别系统与特定目标之间建立机械或光学接触。

最直观的体验就是：智能购物设置的商场或者商店，将在每个货架设置接收或者发送的天线，然后每件商品都贴有天线发出信号可以识别的"RFID 码"；同时，消费者装货的购物车也将提供一个可以接收货架信息和识别商品"RFID 码"的带有显示器的微型处理器。在购物途中，消费者只需输入自己想要的商品，购物车会自动引导消费者找到商品；消费者结账的时候，处理器会第一时间通过识别"RFID 码"，得出商品的总价。最后，再结合互联网的在线支付功能进行一键结算，购物全流程没有一丝人工干预痕迹，消费者可以自主买到自己切实所需之物。

随着 RFID 技术、体感传感器和增强现实技术等新兴技术的更加成熟，不远的将来，整个人类社会的线下购物体验将发生翻天覆地的变化。在智能购物的环境下，消费者选择适合自己商品的成本将极大地降低，整个购物的流程不再被"寻找商品位置""排队结账"等琐事纠缠，更多的时间将回归购物的本质，即如何享受一件称心如意的商品。

## 5G 将成为互联网发展的推进器

从 20 世纪中后期互联网的诞生，到 21 世纪初期互联网百花争艳，本质上都只是通过不同的手段，将人类和人类之间的交流效率提高到极致。网络购物可以提升与商家、买家的沟通效率；互联网聊天交流则可以提升人与人之间进行远距离沟通的效率。

人类与物品、物品与物品之间的交流，受制于技术。虽然人类在不断地努力尝试，但是大规模运用于人类社会的技术进展却依旧非常缓慢，仅仅停留在类似超市收银台那种"扫码识别商品价格""按遥控器开机"的较"低能"的运用阶段。如何将互联网发展到任何时间、任何地点、任何物体间都可以畅通无阻相连起来的物联网，成为未来互联网的时代主题。

根据《电信快报》2017 年第 10 期文章《物联网时代呼之欲出》提供的数据显示，在各大互联网公司的携手努力之下，农业、军事、交通、医疗、零售、公共事业等领域，已经开始了物联网化的尝试，截至 2015 年，全球物联网连接终端的设置已达 60 亿个，创造了 7500 亿美元的收入，并预计到 2025 年，这个数据将变成 270 亿个连接终端，创造 3 万亿美元的收入。

在物联网终端设备的大规模铺设下，虽然物联网的发展起步了，但是有一只拦路虎让其始终无法走上快速发展的快车道，那就是"通信技术局限"。通信技术是物联网各个物体间连接的道路，决定了物体与物体之间的传输速度和传输容量。在这个局限之下，物联网的发展可谓是陷入了停滞阶段。物联网最典型的代表技术——无人驾驶技术、远程手术技术——因为自身讲究分秒不能差，在现有 4G 网络加持下仍存在数据传输延迟的情况，导致始终走不出实验室。因而参与构建物联网的企业纷纷期盼下一代的通信技术能够解决这个问题，5G 由此应运而生。

5G 全称为第五代移动通信网络，当 4G 全面商业化之后，5G 被定义为面向 2020 年的全新通信技术。研发历程中对于该技术抢先发力的是韩国，2013 年 5 月 13 日，韩国三星电子高调对外宣布，已率先开发出了首个基于 5G 核心技术的移动传输网络，并宣布要在 2020 年之前进行 5G 网络的商业推广。在此之后，研发 5G 成了世界各国以及各大电信公司的热点，同时因韩国喊出了 2020 年商用，5G 技术研发周期的历史终点也被默认为 2020 年。各国以及各大电信公司的科研人员，纷纷盯着这个时间点快马加鞭。

2016 年 8 月 4 日，诺基亚与贝尔公司在加拿大完成了 5G 信号的测试，德国电信公司和中国的华为公司也在 2017 年 8 月 22 日联合布置实验了自己的 5G 方案，达到了"无处不在、实时在线"的特征。在 2017 年国际电信标准组织 3GPP RAN 第 78 次全体会议上，5G NR 首发版本正式发布，全球第一个可商用部署的 5G 标准正式诞生，5G 正式进入商业化的前夜。对于 5G 技术的前景，高通公司发布报告预测称：到 2035 年，5G 将在全球创造 12.3 万亿美元经济产出；预计 2020 年至 2035 年间，5G 对全球 GDP 增长的贡献量将相当于与印度同等规模的经济体。

## 未来互联网面对巨大安全挑战

物联网作为已知的互联网下一代形态基础，"连接"依旧是其基本属性。人类社会中各项物品将通过有线网络、无线网络的方式与互联网高度融合，进而在人与物品、物品与物品之间建立高效率的连接。然而，从互联网发展经验来看，有连接就会有安全隐患，PC互联网、移动互联网时代，仅仅只是手机、电脑等终端进行连接，就催生了黑客这个"职业"以及"网络病毒"这类害虫。黑客与网络病毒利用摧毁、攻击、盗取互联网和现实世界互通的数据，进而达到在现实中敲诈钱财、盗取钱财的目的，是互联网世界里的"罪犯"。

物联网之前，因为互联网与现实社会互通的数据涉及的领域有限，互联网罪犯们能够获得的收益，以及对现实世界的破坏性都被控制在很小的范围内，大众社会对他们鲜有耳闻。然而一旦物联网建成，互联网所连接的范围扩大到了"万物互联"，神出鬼没的黑客生存空间将被放大，牟利的渠道也将变得极其广阔，犯罪的方式也会变得更加多样化，如此一来对安全防守端来说，挑战肯定越来越大。

黑客在物联网之前的时代，已经证明了自身完全可以做到突破网络系统防线，达到对网络系统控制的目的。因而当互联网蜕变成物联网之后，曾经不会被黑客利用的现实物品，也将成为黑客手中的利刃。包括家用智能摄像头、智能电视、智能电灯在内的智能家居设备，无人驾驶汽车、无人路灯等智能公共设备，只要处于电源通电以及网络连接的状态，黑客们就可以利用技术手段，突破设备公司构造的数据传输通道，在修改数据后"冒名顶替"目标设备的数据，而这一切因为是在无形的物联网中完成，智能设备的拥有者可能毫不知情。

根据《上海质量》杂志 2018 年第 5 期文章《物联网的风险与回报》的案例，有个 13 岁的黑客试图利用互联网攻击手段入侵闭路电视摄像头，其被捕之后，直言不讳地说出了震惊世界的话："入侵物联网设备简直就像是儿童游戏。"

物联之家网站在 2018 年提到的"虚拟劫车"事件更是让人毛骨悚然，2016 年黑客米勒和瓦拉萨克在发现某品牌汽车的车载智能系统存在可攻击漏洞后，控制了通风口、收音机、挡风玻璃刮水器等，所有这些都是在司机开车时发生的。很快，米勒和瓦拉萨克的脸出现在汽车数字显示屏上，司机失去了对汽车刹车、油门和转向的控制。最终，是两名黑客让车辆完全停了下来。

万物互联让社会的效率提高，将人类从烦琐的体力劳动或者是机械劳动中解放出来，更好地享受生活。但万事都有风险，更多的现实物品接入互联网，意味着每个物联网的使用者将把自己置于更多不可控的风险之中。而如何保护更加暴露的人类，将是未来物联网时代需要面对的巨大挑战。

## 未来的人与互联网

互联网自 20 世纪中后期以来，让人类社会的生产和生活都变得更加高效，随着功能越来越智能，覆盖的范围也越来越广，甚至在现实社会之外，构建了一个摸不着却真实存在的虚拟社会。人与人之间已维持数千年的交流、学习、购物等生活方式，在此刻发生了天翻地覆的变化。

购物的效率提高了，不出门即可购买全世界所有商品；学习成本极大地降低，每个人都拥有了互联网这座全世界最大的图书馆，不用再为找不到学习资料而苦恼，同时在搜索引擎的帮助下，你可以在海量信息中，轻松获得自己想要的；交流变得更简单，在互联网的世界里，你的交流圈将是全世界，而非传统的你家这个村、那个屯。同时，在社交软件的加持下，你可以轻松且及时地完成一人对一人、一人对多人、多人对多人的社交需求，不再需要像书信时代那样为了一个回复苦熬数天乃至数月。

时间进入 21 世纪，随着互联网技术演变出云计算、大数据的能力，为了进一步提高生活效率，人类社会开始将对某一事件的部分决策权交给了互联网。譬如买个商品，购物软件会根据你的消费记录，给你推荐你最需要、最能接受的商品；阅读资讯，资讯软件会查询你的历史阅读记录，推荐你想看的、需要看的资讯。但也正是因为互联网技术的快速发展，让互联网越来越懂人类，人类出于自身安全考虑变得越来越惊慌，恐惧未来人与互联网的关系，担心如同电影《黑客帝国》《终结者》一样，互联网衍生出的人工智能，会反过来统治整个人类社会，人类成为被圈养的"牲畜"。对于此类对互联网高速发展的恐惧，从互联网的起源来看，我们没有必要过分担忧。

互联网诞生时的最初形态，是作为人类信息交流传输的工具，本身并不脱离现实。它只是现实信息交流的一种延伸，可以映射现实社会。互联网上聊天交朋友其实与现实中的社交并无区别，依旧是人和人在社交，只不过方式不一样；网络购物和上街购物同理，依旧是商家和消费者进行交易，只不过是购物方式不同了；网络搜索资料学习和图书馆翻阅资料学习也并无不同，都是人在进行资料的学习，人们将前人或者当代知识前沿者的经验进行学习吸纳。

信息交流传输中的"信息"，本质上是我们人类的所思所想，所以互联网的运行主体始终是我们人类。作为工具性质的互联网是无法脱离人类独立存在的，而且因为信息是由人类产生的，互联网该呈现什么样的表现形态，主动"塑造权"也依旧在人类手中。如今互联网不管怎样改变，它的核心依旧是服务于人类的需求，改变的是我们当今人类信息交流的方式。

互联网时代，"人"依旧是被服务的主体，和当年工业革命带来的汽车、飞机等工具一样。虽然它们让人类改变了生活方式，却并没有让人类失去存在价值，反而让人类提高了改变世界的效率，也正是因为有这个提高，才有了我们当今繁荣的世界。对此，德国著名哲学家马克思和恩格斯在《共产党宣言》中曾这样写道："资产阶级在它不到一百年的阶级统治中所创造的生产力，比过去一切世代创造的全部生产力还要多、还要大……"所以我们不用对互联网的发展过分担忧，互联网取代我们人类既有的某项职能之时，往往标志着我们人类将有更多时间精力去拓展对世界更为深远的认知。

就互联网近期发展态势而言，阿里巴巴前掌门人马云在2017年世界互联网大会上，对于未来互联网和人的关系，给出了一个广受认同的展望。他说："如果说过去20年互联网'从无到有'，那么未来30年，互联网将'从有到无'，这个'无'是'无所不在'的'无'，没有人能够离开网络而存在。"网络在未来的发展中，将从我们现在还在单独提出讨论的新鲜事物，变成吃饭睡觉那样理所当然的存在。

未来互联网和人将是"合二为一"的关系，互联网和人的关系也将不再被讨论，互联网将成为人类这个物种的基础展示形态或者说是特征。人类在互联网技术的加持之下，对未来的探索能力将进一步提升。至于社会价值的生产能力，会如同当年机器开始辅助人类带来的生产能力那样，以几何倍数增长。互联网将成为继工业革命之后，最彻底改变人类生活的事物，成为人类新时代的象征，人类也将因此进入新的辉煌时刻。